Cadeau de Marc
pour ma fête. 30.11.83.

# LE SINGE, L'AFRIQUE ET L'HOMME

*Le temps des sciences*
Collection dirigée par Odile Jacob

*Déjà parus :*

ANDRÉ LWOFF : *Jeux et combats,*
FRANÇOIS JACOB : *Le jeu des possibles*
PHILIPPE MEYER : *L'homme et le sel,*
JACQUES RUFFIÉ : *Traité du vivant,*
JEAN -PIERRE CHANGEUX : *L'homme neuronal,*
ANDRÉ LEROI-GOURHAN : *Mécanique vivante,*
ANDRÉ LEROI-GOURHAN : *Le fil du temps,*
CLAUDE OLIEVENSTEIN : *Destin du toxicomane,*
DANIEL WILDLÖCHER : *Les logiques de la dépression,*
CLAUDE ALLÈGRE : *L'écume de la Terre,*
MARC JEANNEROD : *Le cerveau-machine,*
ÉMILE HÉNOCQ : *Une maladie étrange : l'allergie,*
ANTOINE DANCHIN : *L'œuf et la poule, Histoires du code génétique.*

*A paraître :*

Jean-Jacques PETTER : Le propre du singe, Naissance de la communication chez les Primates.

YVES COPPENS

# LE SINGE, L'AFRIQUE ET L'HOMME

Fayard

à Françoise
pour avoir supporté Lucie

*Il faut être indulgent pour l'Homme si l'on songe à l'époque à laquelle il a été créé.*

Alphonse Allais.

# *AVANT-PROPOS*

*Ce petit livre est destiné à être lu... L'auteur a donc essayé de rendre accessible, sans dictionnaire, un discours paléontologique ; contraint cependant de donner de temps en temps les raisons qui l'ont fait conclure de cette façon plutôt que d'une autre, il a dû utiliser parfois quelques mots ou quelques lignes d'un tout autre langage. L'illustration quant à elle s'est efforcée de présenter les acteurs successifs, à la fois en chair, pour que le lecteur n'oublie jamais que tous ces êtres ont vécu, mais aussi en os, pour donner une idée de ce à quoi ressemblent les meilleurs documents complets ou complétés qui permettent d'écrire ainsi l'histoire.*

*Le plan du livre est le sens du temps ; et même si la classification est hésitante, parce que les fossiles sont rares et fragmentaires, les personnages présentés aux différentes périodes n'en sont pas moins d'authentiques relais, jalonnant les 70 millions d'années du texte ; et c'est bien cela, l'apport fascinant de la paléontologie, le témoignage palpable miraculeusement conservé d'un passé vertigineux que la rigueur des méthodes de fouille et de datations a mis en ordre.*

*Ce livre n'a pu être écrit que grâce aux encouragements convaincants du directeur de la collection, M^me^ Odile Jacob, à qui nous voulons rendre un hommage tout particulier.*

*Il n'a pu être illustré que grâce au talent et à l'imagination de Monsieur Michel Garcia que nous remercions bien vivement.*

Y. C.

Mon propos est donc l'histoire de l'Homme, son histoire naturelle, sans limites de temps ni d'espace. Ce n'est ici bien sûr qu'un essai, qui ne saurait ressembler de près ou de loin à un traité, mais voudrait plutôt être un moment de réflexion sur les données, les idées et le meilleur modèle d'Anthropogénèse qui semble en découler ; il faut le feuilleter comme un album, le lire sans effort comme un récit.

Cette démarche procède de ce que l'on nomme la Paléontologie. Bien que cette science ne soit pas qu'humaine, puisqu'elle étudie toutes les manifestations de ce qui a été Vie sur la Terre, qu'elle tente de reconstituer les organismes qui l'ont portée et d'établir leur ordre de succession, c'est bien de la Paléontologie que nous ferons dans ce livre ; il est donc bon d'en examiner en introduction les caractéristiques et le fonctionnement.

La Paléontologie est une science naturelle, à la fois science de la Vie et science de la Terre. Elle est donc très rigoureuse dans ses fonctions d'observations directes et comparées, comme toutes les autres sciences naturelles ; mais, de par la nature fragmentaire de son information, elle a en plus l'extraordinaire devoir d'imaginer. Or, elle a beau s'appuyer sur les données disponibles, s'aider des approches des disciplines voisines, lorsqu'il lui faut raconter, la part qu'elle emprunte à l'hypothèse est immense. Et même lorsque les fossiles sont légions, il lui faut s'évader pour remonter un paysage, y rétablir le temps et la température, y planter les lacs et les cours d'eau, y lâcher les êtres qui y vivaient dans leur forme souvent étrange. Ce n'est donc pas un de ses moindres attraits que d'être une science qui se doit de rêver pour comprendre. C'est peut-être d'ailleurs cette importance de l'imaginaire qui fait qu'elle fascine.

La Paléontologie va tenter de reconstituer ainsi les acteurs et leur décor. Sa première approche est donc anatomique ; la description du fossile recueilli permettra peut-être de conclure à sa nature, de déterminer son porteur et, grâce à la fameuse loi de corrélations énoncée par Cuvier, de reconstituer l'ensemble du « personnage ». Puis elle essaiera d'interpréter les formes observées en cherchant à les lier à des fonctions et à faire ainsi renaître les mouvements et, du coup, les comportements, le genre de vie des êtres reconstitués ; elle s'intéressera ensuite à tout ce qui entoure le fossile, son emballage sédimentaire, les restes animaux et végétaux qui lui sont associés, pour remonter le cadre, la topographie, la faune, la flore, le milieu. Changeant d'échelle, il lui faudra rechercher l'aspect de la Terre à l'époque où vivait le fossile étudié, la position des continents et des mers, la répartition des climats... pour comprendre la présence du fossile en cet endroit, les raisons de sa répartition, le sens de ses migrations. Autrement dit, « reconnaissance », « reconstitution », « animation », « décor » pourraient être les intitulés de ces quatre premières phases du travail.

Une autre activité fondamentale de la Paléontologie est sa manipulation permanente du temps. La Paléontologie étudie les êtres passés, mais elle étudie aussi leur filiation. Comme, depuis deux siècles, elle est convaincue que les organismes, loin d'être stables, se transforment (bien qu'elle ne sache pas encore très bien comment), son propos est de tenter la reconstitution de l'épopée de cette transformation au fil de quelque trois milliards et demi d'années. Cette notion est essentielle ; elle explique l'étrangeté du comportement du paléontologiste qui ne peut jamais examiner un trait anatomique, une forme, autrement que dans la perspective de sa métamorphose. Ce n'est que dans cette perception dynamique qu'il pourra saisir dans quel mouvement évolutif s'inscrit le trait ou la forme en question. Chaque fossile n'est qu'un maillon d'une chaîne, il convient donc d'imaginer à travers lui la forme dont il est issu et la forme à laquelle il se destine (*a posteriori*, naturellement). La recherche de l'origine d'une espèce — l'Homme, par exemple — procèdera de cette façon : retrouver des fossiles susceptibles de s'être transformés en ce que nous sommes.

La Paléontologie a un autre caractère qui, sans lui être propre, le devient tant il s'y trouve développé : c'est son souci permanent de la classification. Le paléontologiste est un obsédé du rangement. Quand il est sur le terrain, il lui faut commencer par ranger les couches géologiques dans l'ordre de leur dépôt, pour maîtriser le sens du temps ; il connaît alors l'ordre de succession des faunes et des flores. Il va ensuite, en bon naturaliste systématicien, s'efforcer de déterminer, comme on vient de le voir, ces fossiles pour les faire entrer dans la classification zoologique ou botanique ; ceci étant fait, il va pouvoir se lancer, en même temps que dans les exercices de reconstitution, dans son jeu favori qui est celui de la phylogénie. Ce jeu, qui consiste à relier entre eux les diverses espèces d'un même genre, les genres d'une même famille ou les familles d'un même ordre, de manière à proposer un schéma de descendance, se joue à autant de partenaires qu'il y a, de par le monde, de spécialistes des espèces, des genres ou des familles traités. Il demande, bien sûr, une parfaite connaissance de tous les éléments de la « famille » dont on établit la généalogie, une bonne connaissance des propositions déjà faites et une réelle capacité d'imagination — imagination évidemment nourrie par les lois de la biologie et une longue fréquentation des êtres dont il est question, mais aussi par la chance, l'intuition ou le génie. Les solutions avancées sont publiées pour que les autres joueurs puissent savoir à tout moment où en est la partie ; les critiques et les nouveaux modèles sont alors publiés à leur tour et le jeu se poursuit indéfiniment ; il n'y a en effet de gagnants que temporaires, chaque arbre phylétique ne cessant d'être remis en question, à plus forte raison lorsqu'il s'agit de celui de l'Homme.

Un autre jeu, tout aussi passionnant que ce dernier et qui en est d'ailleurs un peu une conséquence, est celui de la biostratigraphie. L'ordre de succession des êtres étant repéré grâce à l'ordre d'empilement des couches géologiques, des échelles d'êtres ou d'associations d'êtres se construisent d'elles-mêmes et deviennent de précieux instruments de mesure du temps. Pour peu qu'elles soient étalonnées par des datations absolues, leur application prend en effet des allures de magie. La découverte de tel être, à tel degré d'évolution, associé à tel ou tel autre à tel autre degré d'évolution, signifiera par exemple que la couche géologique qui l'a livré ne peut avoir que tel âge. Un chicot de molaire d'éléphant peut permettre de conclure immédiatement à un âge situé dans une fourchette de quelques centaines de milliers d'années : 2 millions à 2 300 000 ans, par exemple ; son association avec certains restes de cochons ou d'antilopes peut autoriser à resserrer encore davantage la date, plutôt vers 2 300 000 que vers 2 millions d'années, par exemple. C'est un jeu fascinant que les spécialistes d'études ludiques classeraient sans doute dans les jeux de constructions. Les solutions en sont curieusement plus stables que celles du jeu de la phylogénie. Il s'agit finalement de l'élaboration d'un outil, et le jeu consiste plutôt à affiner le résultat qu'à le détruire pour le reconstruire.

Voici donc ce qu'est la Paléontologie : une science qui s'efforce de ranger les êtres vivants en un immense arbre généalogique et à qui on demande des qualités d'observation, d'ordre et d'imagination.

La recherche des origines de l'homme et l'étude de son évolution ne sont bien entendu que l'examen grossi d'un segment de la même histoire, d'un rameau du même arbre, d'un chaînon du même enchaînement. On y joue de la même manière à « quoi devient quoi », la seule nuance nouvelle étant que, vers la fin de l'histoire, les quatre derniers millions d'années peut-être, la même démarche peut s'exprimer en « qui devient qui ».

On a raconté partout l'extrême difficulté qu'a eu la Paléontologie humaine à imposer la notion d'origine naturelle de l'Homme, le fait que nous n'ayons pas toujours eu « la même tête », que les Grands Singes soient nos cousins et que nous participions de la même histoire que les autres êtres vivants. Il a fallu de longues années pour admettre comme des nôtres, l'un après l'autre, sans exception, chaque fossile humain découvert ; les essais de reconstitution de ces fossiles se sont d'ailleurs curieusement « humanisés » au fur et à mesure de la progression de cette science ; à partir des mêmes éléments fossiles, la tête que l'on fait par exemple aujourd'hui à l'Homme de Néandertal n'est pas du tout celle, « passablement abrutie », qu'on lui faisait il y a un demi-siècle. Les hommes fossiles se sont rapprochés de nous avec le temps !

Comme, avec la famille des Hommes, apparaît un jour cet épiphénomène étrange qu'est la Culture, à la Paléontologie humaine va s'adjoindre une autre science qui est celle des objets touchés, transportés, transformés, manufacturés par l'Homme ; cette science est la Palethnologie ou Préhistoire. La Paléontologie humaine s'occupe de la partie biologique de l'évolution de l'Homme, du corps ; la Préhistoire, de la partie culturelle de cette évolution, de l'esprit et de ses produits. Un terme nouveau ou une nouvelle acception d'un terme ancien est venu judicieusement, depuis quelques années, tenter de couvrir d'un seul chapeau ces deux aspects du même phénomène : il s'agit du mot Paléoanthropologie. Nous l'adopterons comme un synonyme d'une Paléontologie humaine plus largement comprise.

Lorsque les zoologistes ont classé l'Homme, ils l'ont rangé dans le règne animal parmi les Vertébrés, au sein des Vertébrés parmi les Mammifères et, au sein des Mammifères, parmi les Primates. Les paléontologistes se sont ensuite aperçus, à leur grand étonnement, que cet ordre classificatoire de hiérarchie décroissante (embranchement, classe, ordre) se trouvait précisément être le sens de la complication croissante d'apparition des formes ; on connaît en effet les premières traces de vie au-delà de 3 milliards 500 millions d'années, les premiers restes animaux vers 1 milliard d'années, les premiers Vertébrés vers 500 millions d'années, les premiers Mammifères vers 200 millions d'années et les premiers Primates vers 70 millions d'années. L'origine de l'Homme, puisque la Vie est un continuum, passe donc successivement par tous ces événements.

Or, cette idée est extrêmement difficile à transmettre parce que la notion du temps est particulièrement ingrate à imaginer, et ceci d'autant plus que des Vertébrés, des Mammifères et des Primates existent encore aujourd'hui, à nos côtés. Lorsque Jacques Millot, professeur au Muséum, a présenté *Latimeria chalumnae*, le Cœlacanthe, dont il venait de réaliser la capture au large des Iles Comores, comme un descendant du cousin d'un de nos ancêtres, tout le monde ou presque a vu en ce gros poisson : l'Ancêtre. Et quand, il y a un siècle, Charles Darwin a dit (deux cents ans d'ailleurs après le Père Vanini, de Toulouse) que l'Homme et les Grands Singes actuels devaient avoir un ancêtre commun tant ils se ressemblaient, le public et même une grande partie du monde scientifique ont traduit : « l'Homme descend du Singe », en n'ayant aucune autre image en tête que celle d'un Chimpanzé contemporain. Comme nous ne saurions appeler par d'autres noms que celui de « Singes » tous ces êtres du monde des Primates, comme il ne fait pas de doute qu'Homme et Chimpanzé sont anatomiquement, biochimiquement, cytogénétiquement, éthologiquement extrêmement proches et qu'il semble bien que ce voisinage signifie que lui et nous ayons, dans un passé géologiquement proche (moins de 10 millions d'années), un ancêtre commun, il est parfaitement raisonnable de déclarer que « l'Homme descend d'un Singe ».

Cet ancêtre, dont il est possible aujourd'hui de dessiner le portrait-robot — on dit le morphotype —, bien qu'il n'ait pas encore été découvert, est un Primate supérieur qui n'est encore ni Homme ni Chimpanzé. Petit (moins d'un mètre quand il est debout, et il l'est de temps en temps), il devait avoir une tête de taille très modeste, ne portant qu'un cerveau bien réduit (n'atteignant pas 400 $cm^3$), une face projetée, des membres supérieurs longs, des membres inférieurs courts, vivre à terre et dans les arbres, marcher à quatre pattes mais se redresser de temps à autre, ne serait-ce que pour se servir de ses mains et de leurs capacités de préhension. Comment appeler cet animal autrement que par ce terme très général de Singe, tant qu'il n'y en a pas d'autres ?

| Hiérarchie de la classification | Exemples pour l'Homme actuel |
|---|---|
| Règne | Animal |
| Embranchement | Vertébrés |
| Classe | Mammifères |
| Ordre | Primates |
| Sous-ordre | Haplorhiniens |
| Infra-ordre | Simiiformes |
| Super-famille | Hominoïdea |
| Famille | Hominidae |
| Genre | Homo |
| Espèce | sapiens |
| Sous-espèce | sapiens-sapiens |

« Euprimates » s'intercale parfois entre Primates et Haplorhiniens avec rang intermédiaire entre ordre et sous-ordre ou rang de sous-ordre. « Catarhinien », entre Simiiformes et Hominoïdea, avec rang intermédiaire entre infra-ordre et super-famille ou rang d'infra-ordre, « Simiiformes » devient alors un hypordre.

Le champ de la recherche de nos origines se résume donc, si l'on peut dire, au monde des Primates, c'est-à-dire aux 70 derniers millions d'années.

Comme, dans ce problème particulier, c'est le point d'arrivée que l'on connaît et le point de départ que l'on cherche, on va tenter de reconnaître, chez les fossiles, des caractères qui auraient pu, en se transformant, réaliser les traits qui caractérisent l'Homme actuel. Il s'agit de l'application par excellence de l' « observation transformante » dont on parlait précédemment. L'Homme actuel étant redressé en permanence, ayant une face réduite, une boîte crânienne développée, un arc dentaire arrondi, une canine petite, une première prémolaire inférieure à deux cuspides, etc., tout reste fossile attribuable à un primate et montrant une tendance au redressement du corps, à la réduction de la face, au développement de la boîte crânienne, à l'arrondissement des mâchoires, à la réduction de la canine ou au développement de deux cuspides sur la couronne de la première prémolaire inférieure, sera précieusement retenu — de manière souvent un peu rapide, disons même un peu simpliste — comme ayant pu appartenir à un individu de notre lignée.

Comme, consciemment ou non, tout paléontologiste rêve de découvrir nos origines, on imagine aisément combien de restes fossiles ont pu être ainsi retenus et proclamés comme étant de nos ancêtres.

***

Les plus anciens Primates connus à ce jour datent de la fin du Crétacé, de l'ère Secondaire donc, et ont été découverts dans l'Ouest de l'Amérique du Nord, dans les Montagnes Rocheuses ; le premier fut recueilli dans un site du Montana baptisé par les paléontologistes la « colline du Purgatoire », parce que le travail y était dur et les fossiles rares, et ses inventeurs, L. Van Valen et R. E. Sloan, ont eu l'idée amusante d'appeler leur fossile *Purgatorius ;* d'autres sites de la même région, Harbicht Hill, Garbani, Bug Creek, sont venus confirmer l'étonnante découverte de la Purgatory Hill, qui ne date d'ailleurs que de 1965. Sans être, on s'en doute (ce serait trop beau !), précisément les ancêtres de tous les autres Primates, ces petits *Purgatorius* ont en tout cas le mérite incontestable d'en être les plus anciens représentants et de donner une idée de ce à quoi ressemblait un Primate d'il y a 70 millions d'années, donc, fatalement, de ce à quoi ressemblait notre ancêtre. Pourvu d'une bouche à 44 dents (3 incisives, 1 canine, 4 prémolaires et 3 molaires par demi-mâchoire ; souvenons-nous que nous n'en avons que 32 : 2 incisives, 1 canine, 2 prémolaires et 3 molaires par demi-mâchoire), ce bien vieux parent devait vivre dans les arbres, se nourrir de fruits et d'insectes, et n'être guère plus gros qu'un petit rat (ses molaires ont 2 mm de longueur).

Pour être honnête, il ne faut pas cacher que du *Purgatorius*, les paléontologistes ne connaissent pour le moment que des dents et des mâchoires ! Mais si on le classe ainsi, c'est parce que la morphologie de ces dents et

FIG. 1. — *Reconstitution de* Purgatorius.

de ces mâchoires s'accorde précisément avec celle des dents et des mâchoires des autres Primates ; dans un monde où se développent les plantes à fleurs, les Primates, frugivores ou folivores, apparaissent en effet comme les conquérants d'une nouvelle niche écologique, d'un nouveau milieu ; ils se « désolidarisent » de leurs parents Insectivores. Et c'est ainsi que se dessine, dans l'esprit du paléontologiste, la silhouette discrète et souple de notre petit ascendant. Il est plaisant de préciser que si nos aïeux de quelques dizaines de milliers d'années, ceux que les anciens ouvrages appellent volontiers les Hommes des Cavernes, n'ont certes pas connu les Dinosaures, contrairement à ce que l'imagerie populaire souvent propose, ces *Purgatorius* américains vivaient, eux, aux côtés de *Triceratops* de 8 m de long et de *Tyrannosaures* de 6 m de haut !

Une vingtaine de genres groupés en cinq familles aux parentés probables vont suivre immédiatement dans le temps les *Purgatorius ;* c'est le premier bouquet [1] de formes ou

1. Nous préférons « bouquet » à « buisson », qui fait désordonné !

sous-ordre (appelé Plesiadapiformes) de l'ordre des Primates : répartis sur environ 30 millions d'années (Paléocène et Eocène), ils proviennent de la même région des Montagnes Rocheuses que leurs ascendants, mais aussi, ô surprise, de l'Europe de l'Ouest et tout particulièrement du Bassin de Paris ; *Plesiadapis* est un de ces primates primitifs d'une bonne cinquantaine de millions d'années, décrit par le paléontologiste français P. Gervais dès 1877, puis par Pierre Teilhard de Chardin et tout récemment par Donald Russel d'après des restes importants découverts dans la région de Reims ; or, plusieurs espèces de ce même animal et d'autres genres voisins vivaient au même moment dans le Colorado, le Montana, le Wyoming et l'Utah.

Ceci nous fournit un prétexte pour rappeler que des études de Paléontologie ne peuvent se faire sans prendre en considération Paléogéographie, Paléoclimatologie, Paléoenvironnements. La surprise, en effet, « se déplace » lorsque l'on réalise qu'à cette époque du Tertiaire, l'Amérique du Nord, le Groenland et toute l'Europe formaient un continent, une province biogéographique séparée de l'Amérique du Sud d'une part, de l'Afrique d'autre part, et de l'Asie enfin, et que la température moyenne qui y régnait était de l'ordre de 15 à 20°.

Le *Plesiadapis,* de la taille d'un écureuil, évoluait en bandes dans un paysage volontiers forestier : des forêts tantôt tempérées,

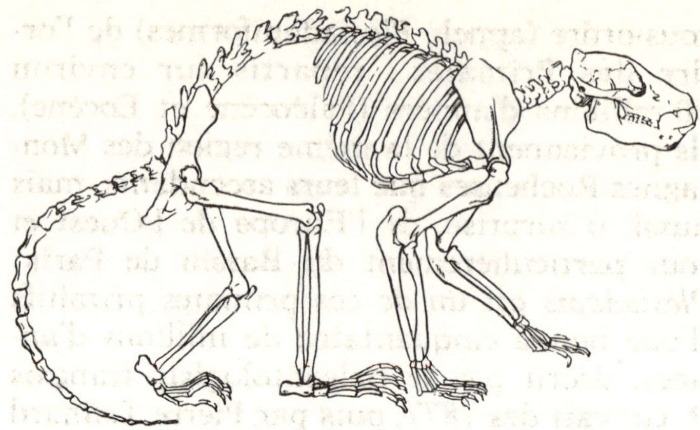

FIG. 2. — *Squelette de* Plesiadapis *reconstitué à partir d'ossements d'Europe et d'Amérique du Nord.*

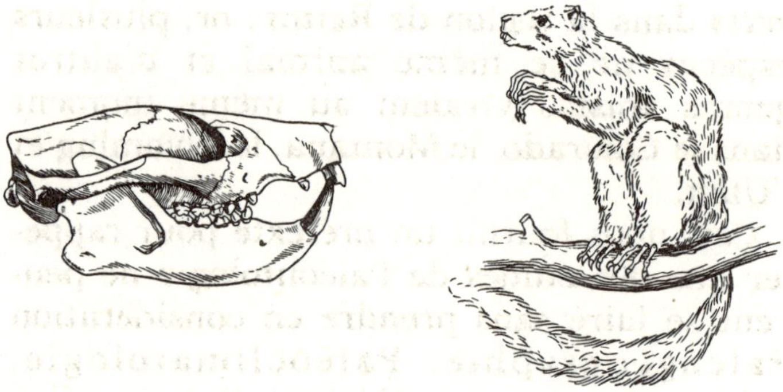

FIG. 3. — *Crâne et reconstitution de* Plesiadapis.

tantôt véritablement tropicales, avec, à Reims par exemple, des peupliers, des saules, des ormes, des aunes, mais aussi des palmiers, une brousse épaisse entre les massifs d'arbres et d'importantes étendues de marécages. Probablement semi-arboricole (ses doigts sont armés de griffes et ses membres antérieurs adaptés à un extrême fléchissement), semi-terrestre (le squelette est lourd), ce *Plesiadapis* devait grimper aux arbres, s'y

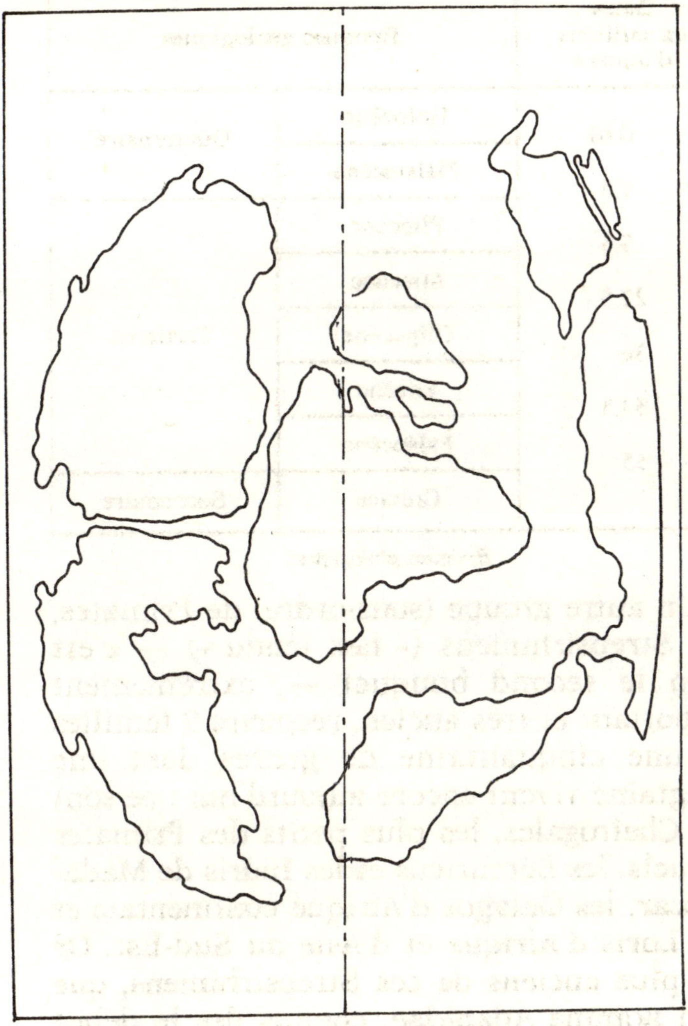

CARTE 1. — La Terre au Crétacé ; un continent euraméricain, berceau de l'ordre des Primates, se trouve séparé de l'Asie, de l'Afrique et de l'Amérique du Sud.

déplacer par bonds et circuler à terre d'un massif forestier à l'autre.

| Dates en millions d'années | Epoques géologiques | |
|---|---|---|
| 0,01 | Holocène | Quaternaire |
| 1,8 | Pléistocène | |
| 5,5 | Pliocène | Tertiaire |
| 22,5 | Miocène | |
| 36 | Oligocène | |
| 53,5 | Eocène | |
| 65 | Paléocène | |
| | Crétacé | Secondaire |

*Epoques géologiques*

Un autre groupe (sous-ordre) de Primates, les Strepsirhiniens (« nez fendu ») — c'est déjà le second bouquet —, extrêmement important et très ancien, recouvre 9 familles et une cinquantaine de genres dont une vingtaine vivent encore aujourd'hui : ce sont les Cheirogales, les plus petits des Primates actuels, les Lémuriens et les Indris de Madagascar, les Galagos d'Afrique continentale et les Loris d'Afrique et d'Asie du Sud-Est. Or les plus anciens de ces Strepsirhiniens, que l'on nomme Adapidae, connus dès le début de l'Eocène (plus de 50 millions d'années), se rencontrent comme leurs prédécesseurs en Amérique du Nord et en Europe, avant de se retrouver, au Miocène, en Asie. L'espèce la plus célèbre d'Europe est incontestablement l'*Adapis parisiensis,* recueillie par Georges Cuvier dès 1821 dans les carrières de gypse de la colline de Montmartre, alors exploitées pour la fabrication du « plâtre de Paris ». *Adapis* (ce qui signifie curieusement ancêtre du bœuf, de *ad* = vers et *Apis* = le bœuf sacré de la mythologie égyptienne, parce que Cuvier s'était trompé) n'avait plus que 40 dents (2 incisives seulement, 1 canine, 4 prémolaires et 3 molaires par demi-mâchoire). C'était un petit Primate arboricole à longue queue, aux mouvements lents, ressemblant probablement beaucoup aux Lémuriens d'aujourd'hui et qui, à Montmartre, habitait une forêt de séquoias au bord d'une lagune.

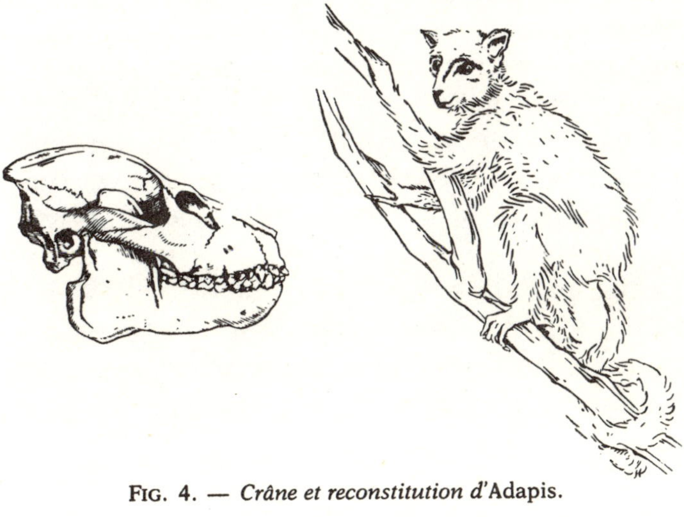

FIG. 4. — *Crâne et reconstitution d'*Adapis.

L'Amérique du Nord a aussi son espèce célèbre, *Notharctus,* recueillie dans les grès à

grains fins du Wyoming, dans les Montagnes Rocheuses ; il est arrivé à *Notharctus* la même aventure qu'à *Adapis ;* décrit par Leidy dès 1870, ce petit Adapidé n'a pas été immédiatement reconnu ; d'abord considéré comme un carnivore, Leidy en a fait ensuite un pachyderme ! C'est Marsch, en 1872, qui, le premier, le rangea parmi les Primates. *Notharctus* et son proche parent *Smilodectes* sont connus par de très nombreux restes, plusieurs crânes et de multiples ossements postcrâniens ; arboricoles, probablement folivores, ils étaient certainement d'habiles grimpeurs et d'excellents sauteurs, une longue queue d'au moins 19 vertèbres leur servant de balancier. La ressemblance de ces animaux, en particulier de leur morphologie postcrânienne, avec certains Lémuriens malgaches actuels comme *Lemur* ou *Propithecus,* est absolument incroyable quand on pense au temps et à l'espace qui les séparent.

On prête aux Adapidés le rôle fondamental d'ancêtres des Strepsirhiniens contemporains énumérés plus haut, Lémuriens, Indris, Galagos, etc., mais aussi, du moins sous une forme ancienne inconnue, de tous les Primates supérieurs ou Haplorhiniens (nez non-fendus), le troisième et dernier bouquet. La configuration de la région auditive des plus primitifs des Haplorhiniens, les Tarsiiformes, semble pouvoir être regardée en effet comme dérivée de la configuration de la même région chez les Adapidés.

Les Haplorhiniens englobent tous les

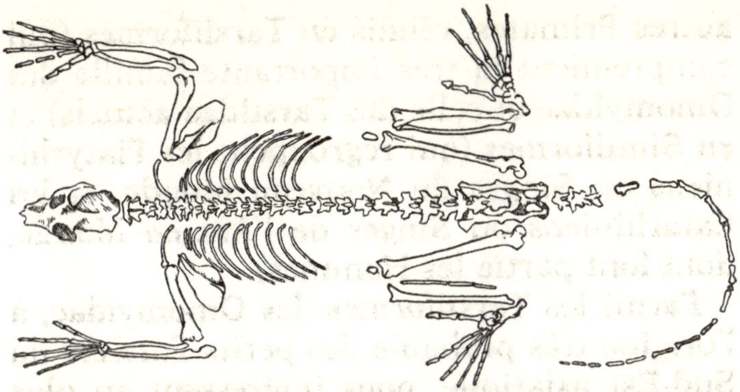

FIG. 5. — *Squelette de* Notharctus.

FIG. 6. — *Crâne et reconstitution de* Notharctus.

autres Primates, réunis en Tarsiiformes (qui comprennent la très importante famille des Omomyidae et celle des Tarsiidae actuels) et en Simiiformes (qui regroupent les Platyrhiniens ou Singes du Nouveau Monde, et les Catarhiniens ou Singes de l'Ancien Monde, dont font partie les Hommes).

Parmi les Tarsiiformes, les Omomyidae, à l'origine très probable des petits Tarsiers du Sud-Est asiatique, nous intéressent au plus haut point, car ils pourraient être aussi à l'origine des Simiiformes, c'est-à-dire des deux grands groupes de Singes « modernes », ceux du Nouveau Monde et ceux de l'Ancien. Les premiers Omomyidae apparaissent dans l'Eocène inférieur (50 millions d'années) et ils se développent rapidement au point de couvrir tout l'Hémisphère Nord : Amérique du Nord, Europe et Asie, ces deux derniers continents étant désormais réunis. Bien que leurs rapports avec les Platyrhiniens et les Catarhiniens ne soient pas encore bien clairs, ni démontrée la descendance de ces derniers à partir de certains de ceux-là, il faut tout de même souligner qu'ils partagent un ensemble impressionnant de caractères dont le développement du crâne cérébral, la position particulière des bulbes olfactifs au-dessus de la plus grande constriction interorbitaire, etc. Mais si l'on admet cette succession, on ne sait pas encore bien où elle a pu avoir lieu, en Asie, à partir d'Omomyidae venus d'Europe ou d'Amérique par le détroit de Behring émergé, ou en

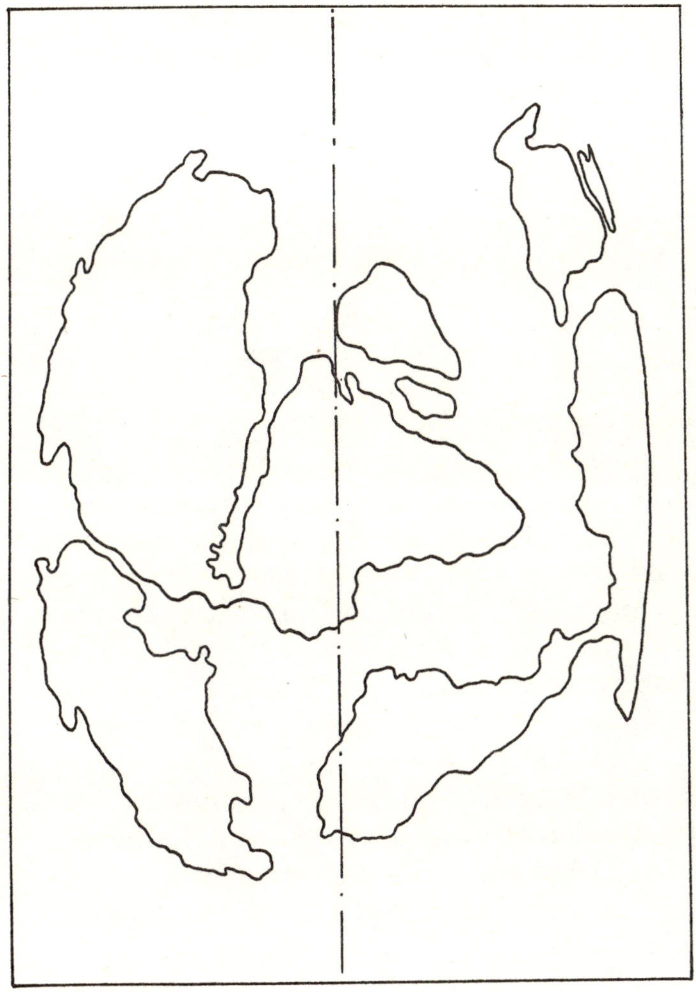

CARTE 2. — La Terre à l'Éocène ; le passage de l'Europe à l'Asie et à l'Afrique est devenu possible ; l'Amérique du Nord et l'Eurasie (et peut-être l'Afrique) se peuplent d'Omomyidae.

Afrique à partir d'Omomyidae européens. La découverte de très anciens Simiiformes en Birmanie (*Amphipithecus* et *Pondaungia*), si anciens (Eocène) qu'ils précèdent peut-être la division Platyrhiniens-Catarhiniens, ferait plutôt opter pour la première hypothèse.

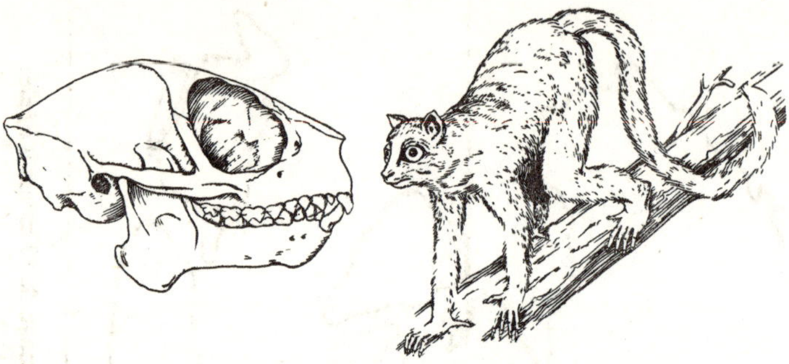

FIG. 7. — *Crâne et reconstitution de* Necrolemur.

Citons, pour les rendre plus vivants, quelques Omomyidæ parmi les plus connus, un Européen, un Asiatique et un Américain : *Necrolemur* de l'Eocène du Quercy, décrit par Filhol dès 1873 ; c'est un petit singe aux grands yeux, au crâne globuleux, à 34 dents (2 incisives, 1 canine, 3 prémolaires en haut, mais seulement 2 en bas et 3 molaires par demi-mâchoire), grand consommateur de fruits (incisives larges et courtes, molaires carrées, crénelées et à couronne basse) et qui devait déjà fréquemment se redresser (position antérieure du *foramen magnum*) ; *Altanius* de l'Eocène de Mongolie, sans doute le plus petit des Omomyidae, consommateur d'insectes et de résines comme les petits Cheirogales de Madagascar ou les plus petits des Platyrhiniens sud-américains (*Callithrix* et *Cebuella*) ; et *Rooneyia* de l'Oligocène du Texas, plutôt mangeur de fruits comme son grand-cousin du Quercy.

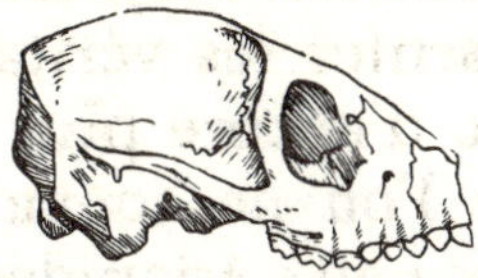

FIG. 8. — *Crâne de* Rooneyia.

Si cette solution au jeu de la phylogénie des Primates est la bonne, l'itinéraire généalogique de l'Homme serait donc passé par la famille des Purgatorius, puis par de très anciens Adapidae, et enfin de très vieux Omomyidae.

Nous sommes conscients de la lourdeur de toute cette terminologie, mais que faire ? ces Singes fossiles n'ont pas d'autres noms ! Peut-être peut-on faciliter la compréhension en rappelant que les Primates se divisent en trois grands groupes, trois grands bouquets de formes (des sous-ordres) qui semblent s'être succédé tout en se développant chacun pour son propre compte : le premier, le plus ancien, est le sous-ordre des Plésiadapiformes ; le second, celui des Strepsirhiniens ; et le dernier, celui des Haplorhiniens. La plus ancienne famille des Plésiadapiformes est la famille des Paromomyidae ; la plus ancienne famille des Strepsirhiniens, celle des Adapidae ; la plus ancienne famille des Haplorhiniens, celle des Omomyidae.

Comme on trouve chez les Strepsirhiniens certains traits de Plésiadapiformes, et chez les Haplorhiniens certains traits de Strepsirhiniens, mais comme par ailleurs les fossiles examinés se montrent toujours trop spécialisés pour représenter les véritables ancêtres, on suppose que d'encore plus anciens Paromomyidae que l'on ne connaît pas ont pu donner naissance aux Adapidae et que, de la même façon, des Adapidae plus anciens et plus indifférenciés que les plus vieux Adapidae que l'on connaisse ont pu donner naissance aux Omomyidae. Nous reverrons souvent ce type de raisonnement qui révèle la difficulté — pour ne pas dire l'impossibilité — de retrouver les bases des rameaux, ou qui cache notre profonde incompréhension des processus d'évolution des êtres vivants. « Chaque fois qu'une nouvelle forme vivante se lève à nos yeux des profondeurs de l'histoire, écrit si joliment Pierre Teilhard de Chardin, ne savons-nous pas qu'elle surgit toute faite et qu'elle est déjà légion ? »

Une méthode de construction des arbres phylétiques proposée par W. Hennig en 1966 est aujourd'hui très pratiquée ; nous l'appelons la méthode du palmier doum [1], car elle ne conçoit pas ou presque pas d'autre phylogénie que dichotomique ; le tronc se partage en deux grandes branches, chaque grande branche en deux petites branches, chaque petite branche en deux plus petites branches,

1. Cette impertinence n'engage que l'auteur.

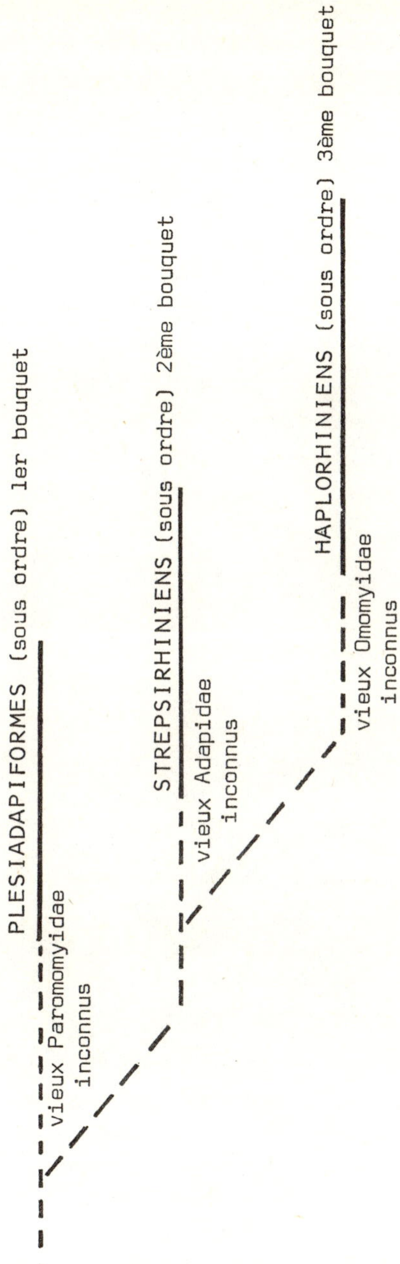


GRAPHIQUE 1. — *Phylogénie des Primates.*

etc. Même si cette méthode ne parvient pas, comme on peut l'imaginer, à rendre compte de toutes les réalités, même si elle devient parfois un vrai « casse-tête » pour les classificateurs, elle n'en est pas moins utile. Si l'on plaquait par exemple sur notre histoire la rigueur hennigienne, on aurait, à la première fourche, une grosse branche Plesiadapiformes (le premier bouquet) et une seconde grosse branche portant tous les autres Primates : on l'appelle Euprimates. Cette seconde grosse branche-là s'ouvre à nouveau en deux, donnant les Strepsirhiniens sur une

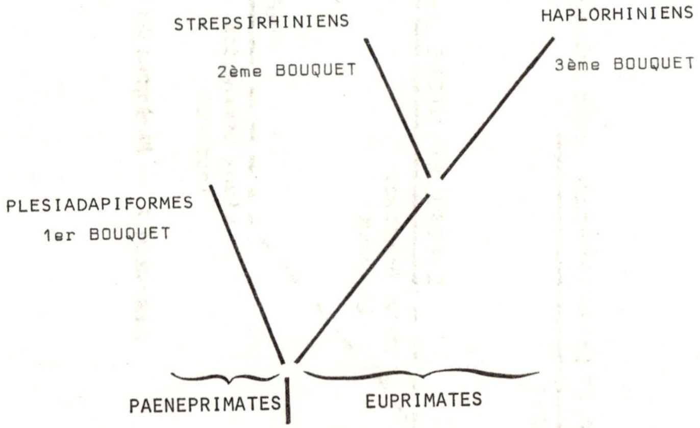


GRAPHIQUE 2. — *Phylogénie hennigienne des Primates.*

des deux branches nouvelles (le second bouquet), les Haplorhiniens sur l'autre (le dernier bouquet). La branche « Haplorhiniens » va se diviser elle-même en deux branches plus petites, Tarsiiformes et Simiiformes, la petite branche des Simiiformes en deux plus petites branches encore, Platyrhiniens et

Catarhiniens, etc. Si, dans cette conception, les hampes sont classables avec les descendants les plus conservateurs, Euprimates l'est alors avec les Strepsirhiniens, Haplorhiniens avec les Tarsiiformes, Simiiformes avec les Platyrhiniens... et l'on retrouve un très ancien Strepsirhinien très indifférencié (que nous appelions précédemment Adapidae) à l'origine des Haplorhiniens, un très ancien Haplorhinien très indifférencié (que nous classions précédemment parmi les Omomyidae) à l'origine des Simiiformes, etc.

⁂

Nous en étions donc au passage hypothétique Tarsiiformes (Omomyidae)-Simiiformes, survenu vers 42 millions d'années, et au monophylétisme probable de ces derniers. Connus longtemps sous le nom global de Simiens ou même d'Anthropoïdes, les seuls vrais Singes pour certains auteurs, ces Primates « modernes » que sont les Simiiformes partagent en effet, entre autres caractères, un plus grand développement du crâne cérébral (du cortex visuel) au détriment de celui de la face, plus que chez toutes les formes précédentes groupées autrefois, par opposition, sous le terme de Prosimiens (divisés, dans ce livre, en Plesiadapiformes, Strepsirhiniens et Tarsiiformes). Mais ils partagent aussi une symphyse mandibulaire soudée, une pneumatisation de la région mastoïde et de la partie antérieure de la bulle du tympan, un même schéma de circulation carotidienne, une même structure de la région de l'oreille et suffisamment d'autres caractères anatomiques, biochimiques, cytogénétiques pour que leur communauté d'origine ne puisse être mise en cause.

Comme presque toujours en Paléontologie, le plus ancien petit Singe que l'on rencontre en Amérique, *Branisella,* de l'Oligocène inférieur de La Salla-Luribay en Bolivie (environ 35 millions d'années), découvert en 1969 par le paléontologiste français Robert Hoffstetter, présente déjà la morphologie des Singes du Nouveau Monde parfaitement réalisée ; on le classe aisément au voisinage de *Cebus*

FIG. 9. — *Reconstitution de* Branisella.

et de *Saimiri.* L'origine de ce groupe si varié de petits singes des forêts tropicales et subtropicales d'Amérique du Sud et du Centre (35 % des Primates vivants) échappe donc à la Paléontologie ; certains la voient parmi les Omomyidæ nord-américains, d'autres parmi ceux d'Afrique, ou plus volontiers parmi des protosimiens eux aussi africains, précédant la dichotomie Platyrhiniens-Catarhiniens. Dans les trois cas, il a fallu aux formes ancestrales, probablement éocènes, effectuer un petit voyage en bateau (on parle de « radeau » naturel, des troncs d'arbres et des branchages à la dérive), l'Amérique du Nord étant séparée de l'Amérique du Sud par une importante étendue d'eau et l'Afrique l'étant de l'Amérique du Sud par un océan Atlantique sud il est vrai plus étroit que celui d'aujourd'hui, mais atteignant quand même un bon millier de kilomètres. Disons, avant de laisser ces petits singes du Nouveau Monde, puisqu'ils se sont diversifiés en marge de notre histoire, qu'ils représentent très probablement un groupe d'origine unique (on dit monophylétique) ; ils partagent en effet de très nombreux caractères tels qu'une cloison nasale épaisse (qui leur a donné leur vilain nom), des narines écartées, une bulle tympanique, une mâchoire de 36 dents (2 incisives, 1 canine, 3 prémolaires et 3 molaires par demi-mâchoire) et, pour certains d'entre eux, une extraordinaire queue prenante, véritable cinquième main. Ils sont aujourd'hui 16 genres, des *Alouatta* ou singes hurleurs, de loin les plus gros (ils atteignent jusqu'à 72 cm pour 7,4 kg), aux tout petits *Cebuella* (13 à 15 cm) en passant par les ouistitis, les singes-hibous, les singes-araignées, les tamarins, les capucins, les lagotriches, les ouakaris, etc. Sept ou huit genres fossiles ont été décrits, certains jusqu'en Patagonie, d'autres aux Antilles, à la Jamaïque et à Hispaniola, et en Amérique centrale jusqu'à la latitude de Vera Cruz.

Pendant ce temps se développe dans l'Ancien Monde un autre groupe de même niveau hiérarchique dont les origines ne sont hélas pas plus claires. Les tout premiers connus sont peut être asiatiques ; des gisements birmans de l'Eocène final (38 à 40 millions d'années) ont livré en effet des restes nommés *Amphipithecus* et *Pondaungia*, petits singes à 36 dents (3 prémolaires), dont le classement est douteux ; si l'appartenance de ces Primates aux Catarhiniens s'avérait juste, il faudrait envisager l'origine du groupe en Amérique du Nord et leur arrivée en Asie par un itinéraire empruntant le détroit de Behring à l'Eocène moyen (45 millions d'années) et atteignant l'Afrique à l'Oligocène (35 millions d'années), ou bien une origine en Europe avec deux voies migratrices, l'une vers l'Asie, l'autre vers l'Afrique ; mais peut-être s'agit-il d'un rameau de petits singes différencié avant que ne se séparent les Catarhiniens et les Platyrhiniens ; on les appelle des Protosimiens ou Protosimiiformes.

Les tout premiers Catarhiniens incontestables sont ceux livrés par les dépôts oligocènes du bassin du Fayoum en Egypte (entre 25 et 36 millions d'années). A 100 km à peine du Caire, un dépôt de delta de 300 m d'épaisseur représente un véritable paradis pour les paléontologistes, une extraordinaire source pour notre histoire ; ces couches ont en effet fourni, parmi une centaine d'autres espèces de Vertébrés, six genres différents de Primates répartis en trois niveaux principaux. Trois d'entre eux, plus primitifs que les autres, sont groupés dans une famille très à part, les Parapithecidae ; les trois autres se répartissent en deux familles beaucoup plus évoluées, les Cercopithecidae et les Propliopithecidae.

Les trois Parapithecidae, *Parapithecus*, *Qatrania* et *Apidium*, sont passionnants, car ils donnent une image de ce qu'étaient les tout premiers Catarhiniens ; nous avons déjà noté que, dans la plupart des cas, les origines manquent et que tous les fossiles recueillis, même les plus primitifs, sont toujours trop évolués, trop spécialisés, pour être les ancêtres de qui que ce soit. C'est, bien évidemment, le cas pour ces trois compères, petits quadrupèdes arboricoles, consommateurs des feuilles des arbres de la forêt-galerie du Paléonil, mais ils ont l'énorme avantage, comme on vient de le dire, de fournir à ces pauvres paléontologistes éternellement frustrés une idée de ce à quoi ressemblaient les tout premiers Catarhiniens, les fondateurs des rameaux qui nous portent. Dans le merveilleux jargon paléontologique, pour évoquer leur situation intermédiaire, on dit qu'ils sont issus d'un champ morphogénétique transitoire. Comme d'habitude, ces formes très anciennes montrent à la fois des caractères archaïques (plesiomorphes) (tels l'ectotympanique en anneau ou la présence de 3 prémolaires par demi-mâchoire) qui les font ressembler aux Platyrhiniens conservateurs, et des caractères particuliers (apomorphes) (telles la présence de 3 racines à toutes les prémolaires, sauf à la deuxième supérieure, ou l'existence d'un tubercule particulier sur les 3 prémolaires supérieures) qui en font une famille, voire une superfamille à part, branchée sur le tronc Protosimien avant la division Catarhinien-Platyrhinien, ou à un niveau précoce des Catarhiniens, ou peut-être même, selon certains auteurs, des Platyrhiniens.

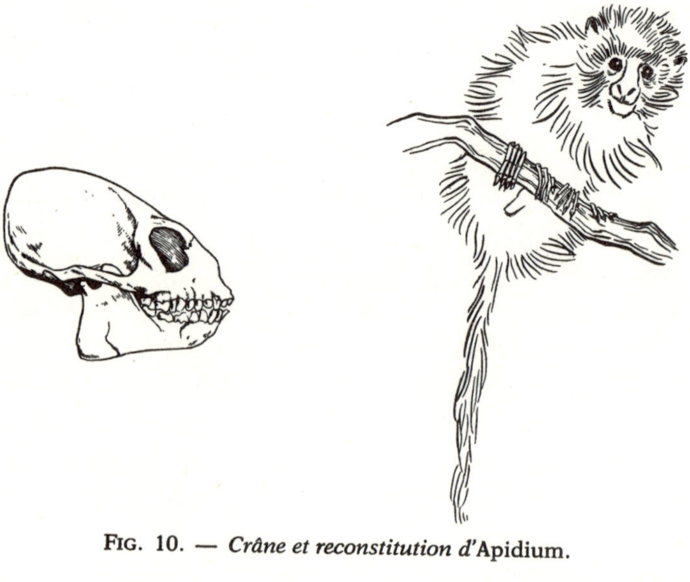

FIG. 10. — *Crâne et reconstitution d'*Apidium.

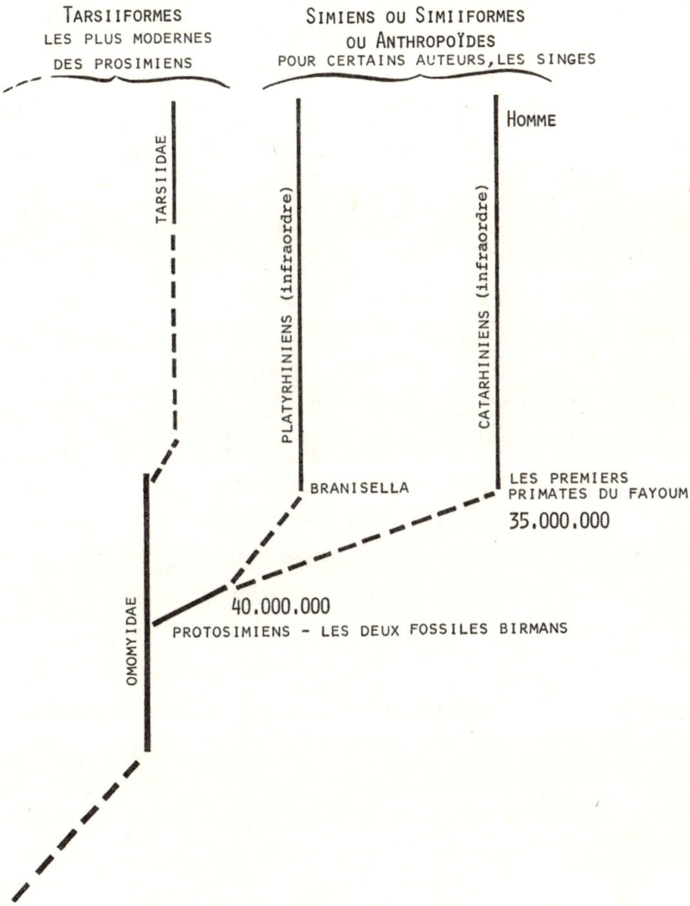


GRAPHIQUE 3. — *Phylogénie des Haplorhiniens.*

Toujours est-il que Parapithèque était un très petit singe, de la taille du plus petit singe africain vivant, le talapouin du Congo ; il avait donc 36 dents comme ses ancêtres probables Omomyidae et ses cousins du Nouveau Monde. Or les deux dernières de ses prémolaires inférieures ont deux cuspides comme les deux (seules) prémolaires inférieures de l'Homme, et ce simple trait a ému plusieurs générations de paléontologistes (puisque les premiers Parapithèques ont été recueillis dès le début du siècle) qui y ont vu un signe de parenté ; il semble bien, en fait, qu'il faille retenir ce caractère comme une adaptation à un régime folivore, et patienter encore quelques dizaines de millions d'années pour reconnaître un vrai parent. *Apidium,* dont le nom évoque le bœuf sacré égyptien — car Osborn, en 1908, ne l'avait pas plus reconnu que Cuvier, un siècle avant, n'avait reconnu l'*Adapis* de Montmartre —, est aussi un tout petit singe arboricole aux membres postérieurs adaptés au saut, à la face courte et dont les traits s'apparentent à ceux de Parapithèque ; plus petit et plus léger que lui, cependant, sa taille a été comparée à celle du Titi (*Callicebus*) ou du singe-hibou (*Aotus*), sa posture et sa locomotion à celles du *Saimiri* ou du *Cebus* sud-américain. Plus petit encore et de structure plus simple est *Qatrania,* qui vient, comme *Oligopithecus* dont on parlera plus loin, du niveau le plus ancien du dépôt sédimentaire du Fayoum ; il a donc 35 à 36 millions d'années.

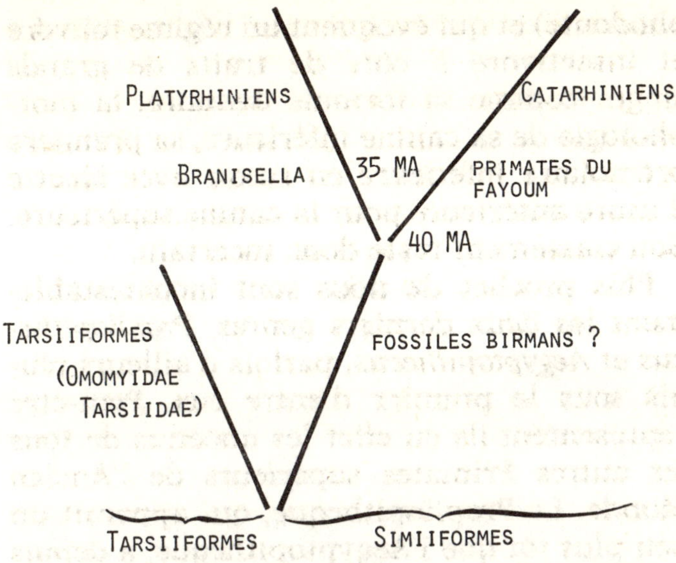


GRAPHIQUE 4. — *Phylogénie hennigienne des Haplorhiniens.*

Parmi les trois genres qui restent, l'un s'apparente aux petits singes et se nomme *Oligopithecus*, les deux autres aux grands et s'appellent *Propliopithecus* et *Aegyptopithecus*. De la taille de Parapithèque, peut-être un peu plus petit (30 cm, comme le singe-écureuil *Saimiri* d'Amérique du Sud), Oligopithèque est le premier Catarhinien à offrir une denture de composition semblable à la nôtre : 32 dents réparties en 2 incisives, 1 canine, 2 prémolaires et 3 molaires par demi-mâchoire. Mais, cette fois, les 2 prémolaires inférieures sont très différentes l'une de l'autre, on dit hétéromorphes ; Oligopithèque conserve des traits primitifs dans la structure des couronnes de ses molaires aux cuspides basses, agencées en 2 collines (bilophodonte) et qui évoquent un régime folivore et insectivore à côté de traits de grands singes comme sa formule dentaire, la morphologie de sa canine inférieure, sa première prémolaire inférieure en rasoir avec facette d'usure antérieure pour la canine supérieure. Son classement reste donc incertain.

Plus proches de nous sont incontestablement les deux derniers genres, *Propliopithecus* et *Aegyptopithecus,* parfois d'ailleurs réunis sous le premier d'entre eux. Peut-être représentent-ils en effet les ancêtres de tous les autres Primates supérieurs de l'Ancien Monde. Le Propliopithèque, qui apparaît un peu plus tôt que l'Aegyptopithèque, a depuis très longtemps retenu l'attention des paléontologistes ; sa denture (de 32 dents) montre en effet de petites incisives et de petites canines, les unes et les autres implantées verticalement, des prémolaires de même taille et de structures à peu près semblables (la première prémolaire inférieure n'a pas tout à fait deux cuspides, mais une et l'esquisse d'une seconde) et des molaires de

FIG. 11. — *Reconstitution d'*Oligopithecus.

taille subégale à couronnes basses comme dans la denture des Hominidés. Mais la question que se posent les paléontologistes est toujours la même et le lecteur doit commencer à se la poser de la même manière. S'agit-il d'un Hominidé ou d'un autre type de Primate qui, pour des raisons d'adaptation semblable, aurait développé, parallèlement aux Hominidés et sans doute en avance sur eux, un outil dentaire comparable adapté à un régime alimentaire fait de végétaux fibreux ? N'osant point trop en faire un proche parent, les paléontologistes ont trouvé un moyen de ne pas se tromper en le mettant dans une famille particulière, les Propliopithecidae, et en plaçant cette famille dans la superfamille qui recouvre également celle des Hominidae, les Hominoidea.

FIG. 12. — *Reconstitution de* Propliopithecus.

Quant à *Aegyptopithecus*, pour certains, comme nous l'avons dit, simple espèce de *Propliopithecus*, il est de mieux en mieux connu, non seulement par des dents et des mâchoires, mais aussi par plusieurs crânes et des os du squelette postcrânien. Avec sa denture comparable à celle des Grands Singes : grandes canines, prémolaires inférieures extrêmement hétéromorphes, premières prémolaires inférieures longues et coupantes, grand développement des seconde et troisième molaires inférieures, augmentation de la taille des molaires de la première à la troisième et présence — bien que modeste — d'un cinquième tubercule à la dernière molaire, avec sa mandibule à large branche montante et parfois sa crête sagittale traduisant un développement des muscles de la mastication, avec ses transformations crâniennes et cérébrales : ascension du frontal, expansion des aires visuelles et réduction des lobes olfactifs, bien que le cerveau soit encore très petit (27 $cm^3$), *Aegyptopithecus* a beaucoup de chances d'être l'ancêtre des Dryopithèques dont nous parlerons plus loin, eux-mêmes à l'origine des Pongidae et des Hominidae. Mais *Aegyptopithecus,* vieux d'une trentaine de millions d'années (Oligocène supérieur), conserve évidemment bien des traits anciens : un long museau, des os du nez projetés très loin en avant, de grandes orbites, une absence de conduit auditif externe, etc. Ceci n'empêche pas de le tenir pour un Hominoïde tout à fait proche de notre origine, s'il n'en fait pas vraiment partie. *Aegyptopithecus* était un singe de belle taille (à peu près celle d'un gibbon actuel), à régime essentiellement herbivore, peut-être un peu frugivore, quadrupède terrestre et grimpeur agile, avec pieds et mains préhensiles et longue queue.

FIG. 13. — *Crâne et reconstitution d'*Aegyptopithecus.

Ce riche Fayoum, découvert par le géologue allemand Schweinfurth en 1879, prospecté par le collectionneur Richard Markgraf à partir de 1906 puis fouillé par le paléontologiste américain Elwyn Simons depuis 1961, est donc extrêmement instructif pour comprendre le déroulement de l'histoire des Primates et l'épisode oligocène (la tranche de 25 à 35 millions d'années) de notre évolution. Mais l'analyse de ce qu'il révèle ne va évidemment pas sans poser, comme à chaque fois, de nouvelles questions. Comment est-on passé des Omomyidae ou du stade d'organisation Prosimien que représentent les Omomyidae à ces formes déjà Catarhiniennes, même si *Parapithecus, Apidium, Qatrania, Oligopithecus* montrent des signes évidents de situation intermédiaire ? Pourquoi soudain (géologiquement parlant, bien sûr), alors que l'Eocène d'Europe, d'Asie et d'Amérique du Nord est peuplé d'une grande diversité de petits Omomyidae parfaitement bien installés dans quantité de niches écologiques, l'Oligocène d'Afrique offre cet échantillon de singes ayant atteint le stade d'organisation suivant et plus un seul représentant du stade antérieur ?

Beaucoup d'hypothèses ont été avancées ; nous retiendrons la tentative d'explication climatique : l'Europe, à la fin de l'Eocène, aurait subi une transformation importante du climat qui, de chaud et humide en permanence, serait devenu plus saisonnier ; la forêt aurait alors cédé devant l'apparition d'une saison sèche et se serait peu à peu rétractée vers le Sud ; or, la plupart des petits Primates primitifs (Strepsirhiniens-Omomyidae-Tarsiidae) l'auraient accompagnée dans ce recul et ceci expliquerait la répartition actuelle des Lémuriens, Galagos, Indris, Cheirogales, Loris et Tarsiers. D'autres, au contraire, se seraient adaptés à ces nouvelles conditions d'alternance des saisons, par un développement des zones visuelles et auditives du cerveau au détriment des aires olfactives, une amélioration du sens des distances et une expansion du néocortex permettant des possibilités plus grandes de réponses aux conditions nouvelles du milieu par des comportements appropriés, et ceux-là seraient devenus les Simiens ou Simiiformes. Le développement cérébral et, du coup, l'adaptabilité comportementale de ces nouveaux Primates semblent leur permettre alors de faire parfaitement face aux environnements variables du régime climatique saisonnier et les autoriser dans le même temps à retenir une certaine indifférenciation morphologique là ou d'autres animaux auraient au contraire répondu en développant une spécialisation. Cette orientation nouvelle de l'évolution, unique chez les Mammifères, laisse évidemment entrevoir les développements ultérieurs.

***

Après cet extraordinaire départ dans la vie des premiers Catarhiniens de l'Oligocène égyptien : *Apidium, Parapithecus, Qatrania, Oligopithecus, Propliopithecus, Aegyptopithecus,* voyons ce qu'ils deviennent dans la tranche de temps suivante, de 15 à 25 millions d'années, en gros le Miocène inférieur (16 à 22,5).

Il est raisonnable de réunir en trois groupes les divers singes que l'on y rencontre; d'une part, les Cercopithèques ou petits singes, d'autre part les Pliopithèques que l'on a vu pouvoir descendre de Propliopithèque et, d'autre part, enfin, les Dryopithèques pouvant descendre eux-mêmes de Propliopithèque par l'intermédiaire d'Aegyptopithèque. C'est bien entendu l'Afrique et l'Afrique seule qui donne les premières réponses, réponses discrètes en ce qui concerne les Cercopithèques (Victoriapithèque et *Prohylobates*), meilleure en ce qui concerne les Pliopithèques (Dendropithèque) et brillante en ce qui concerne les Dryopithèques (Proconsul, Limnopithèque, Rangwapithèque) ; il faudra attendre la collision des plaques continentales afro-arabe et asiatique, vers 16 à 17 millions d'années, et l'établissement consécutif de ponts continentaux pour voir la circulation s'établir entre l'Afrique et l'Eurasie. Cercopithèques, Pliopithèques et Dryopithèques se répandront alors en Asie et en Europe en même temps qu'ils poursuivront leur développement en Afrique, tandis que surgiront d'autres groupes.

Les plus anciens Cercopithèques sont donc *Victoriapithecus* de l'île de Rusinga sur le lac Victoria, au Kenya, mais aussi d'Ouganda, et *Prohylobates,* d'Egypte et de Libye ; *Prohylobates* est très primitif, de taille petite à moyenne, mangeur de fruits et de feuilles ; *Victoriapithecus* est plus moderne et de petite taille ; peut-être ces deux espèces annoncent-elles d'ailleurs, l'une les Colobes (Colobinae), l'autre les Cercopithèques au sens strict (Cercopithecinae) ?

Le second groupe est celui des Pliopithèques, illustré par le Dendropithèque du Miocène inférieur et moyen des sites de l'île de Rusinga au Kenya. Le Dendropithèque est un petit singe de la taille du Siamang contemporain, frugivore et folivore, en qui beaucoup d'auteurs ont d'ailleurs vu un ancêtre du gibbon. Ce serait alors le plus ancien Hylobatidé (famille des gibbons et des siamangs) et le seul connu en Afrique. Mais, comme d'habitude, les caractères utilisés pour ce rapprochement ont été considérés par d'autres auteurs comme la représentation d'adaptations parallèles ou comme pouvant être des traits primitifs partagés avec toutes les formes souches. Si *Dendropithecus* est ancêtre du gibbon, il n'en a, en tout cas, pas développé l'extraordinaire appareil locomoteur si parfaitement adapté au déplacement suspendu par les membres antérieurs (brachiation); ses os postcrâniens ressembleraient plutôt — mais ce n'est là que simple comparaison, sans se prévaloir de quelque idée de parenté que ce soit — à ceux du Singe-Araignée d'Amérique du Sud, l'Atèle (la queue préhensile étant en outre exclue).

Mais le groupe qui nous intéresse au plus haut point est celui, florissant, des Dryopithèques dans lequel nous pourrions bien, d'une façon ou d'une autre, plonger nos racines familiales; ses représentants, d'une taille allant d'un petit gibbon à celle d'une femelle de gorille, se partagent entre autres les caractères suivants : canines grandes et verticales, mais pas exagérément robustes, incisives relativement petites et verticales, espaces (diastèmes) entre la seconde incisive supérieure et la canine, première prémolaire inférieure à un seul tubercule, molaires à tubercules élevés, recouverts d'un émail fin, molaires inférieures à 5 tubercules organisés en Y, arcades sus-orbitaires faibles, orbites

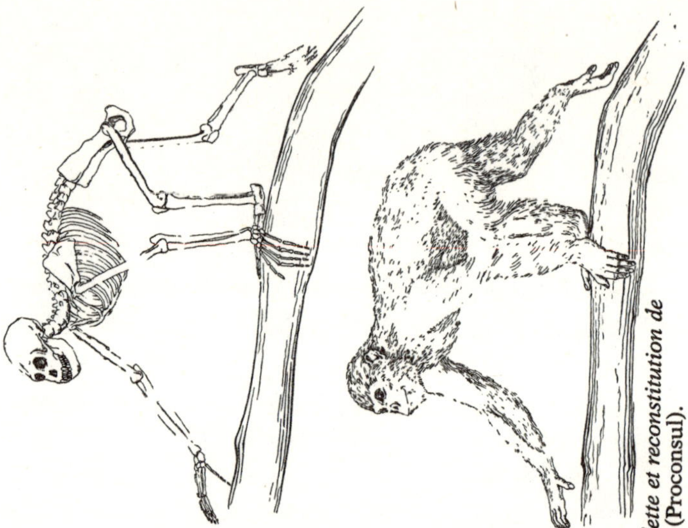

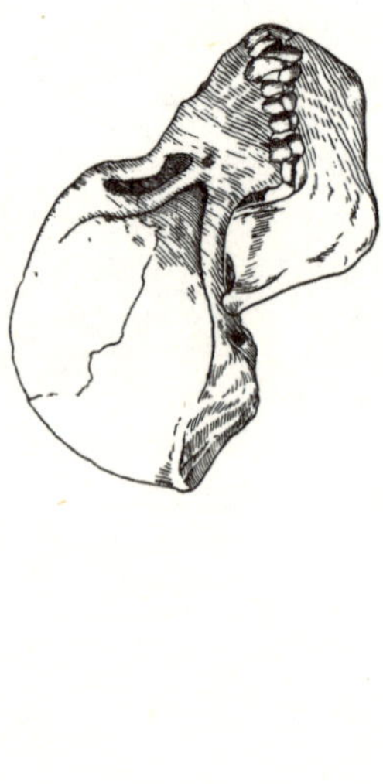

FIG. 14. — *Crâne, squelette et reconstitution de* Dryopithecus (Proconsul).

grandes, os du crâne minces, face modérément projetée, conduit auditif externe, endocrâne de 150 $cm^3$ assez comparable à celui du gibbon et squelette postcrânien clairement plus léger que celui des chimpanzés, évoquant une adaptation quadrupède et arboricole de coureur et de sauteur, avec une excellente articulation du poignet et du coude, peut-être l'esquisse d'une locomotion brachiatrice.

Trois sous-genres de Dryopithèques africains sont parfois distingués : ce sont *Dryopithecus (Limnopithecus), Dryopithecus (Proconsul)* (Consul était alors le nom d'un chimpanzé célèbre du zoo de Londres) et *Dryopithecus (Rangwapithecus) ;* tous trois sont contemporains, puisqu'ils proviennent de niveaux du Miocène inférieur et du début du Miocène moyen, et sympatriques puisqu'ils ont été découverts dans les mêmes sites du Kenya et d'Ouganda. Tous associés à un milieu forestier ou à une savane boisée, ces grands Singes sont essentiellement mangeurs de fruits, les plus gros peut-être aussi mangeurs de feuilles. Plusieurs auteurs ont vu en eux des ancêtres tout à fait acceptables de l'Homme ; une des espèces de la forme africaine, *Dryopithecus (Proconsul) africanus,* a même été attribuée génériquement à *Kenyapithecus,* considéré souvent comme le prédécesseur immédiat d'*Australopithecus* (au point qu'il nous est arrivé de surprendre son auteur, Louis Leakey, parler de « *Kenyanthropus* » dans la chaleur de sa conviction). Nous savons aujourd'hui que la descendance n'est pas si directe ni si simple; mais nous savons aussi que les Grands Singes africains et nous-mêmes sommes probablement beaucoup plus proches que nous ne l'avions longtemps imaginé. Ceci remet du coup les Dryopithèques à l'honneur, puisqu'ils représentent sans le moindre doute une nappe importante d'Hominoïdes du Miocène inférieur, au sein de laquelle les Hominoïdes suivants ont fort bien pu prendre naissance.

*
**

Nous avons déjà évoqué l'événement capital du cœur du Miocène : vers 17 millions d'années, l'Afrique, ou du moins la plaque afro-arabe entre en contact avec l'Eurasie, fermant la mer que l'on appelle Tethys et qui liait la Méditerranée à l'Océan indien; ce genre de choc ne va pas, comme on peut l'imaginer, sans de multiples conséquences géographiques et climatiques : changement dans le régime des vents, rafraîchissement et assèchement du climat, ouverture du paysage. Des glaciers commencent même à s'installer sur l'Antarctique et l'Islande. Pour l'histoire qui nous intéresse, le contact des terres va permettre le passage de beaucoup d'animaux et, avec la transformation du climat, l'adaptation d'un grand nombre d'entre eux au nouveau milieu moins boisé.

Les trois groupes de Primates que l'on a

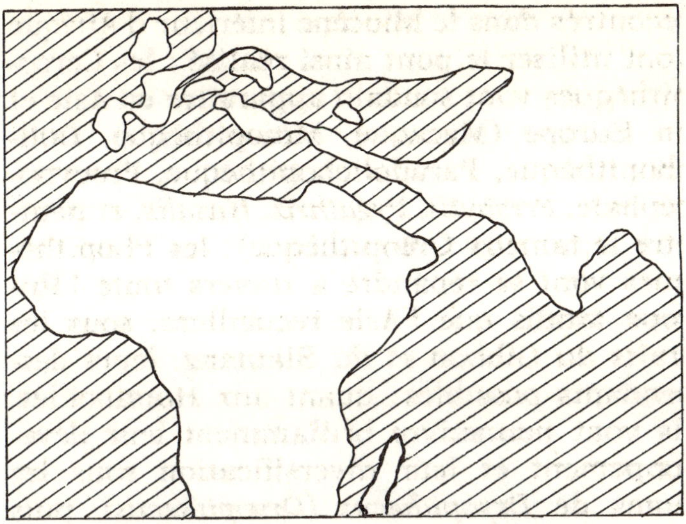

CARTE 3. — Ancien monde avant 17 millions d'années (l'Afrique est isolée).

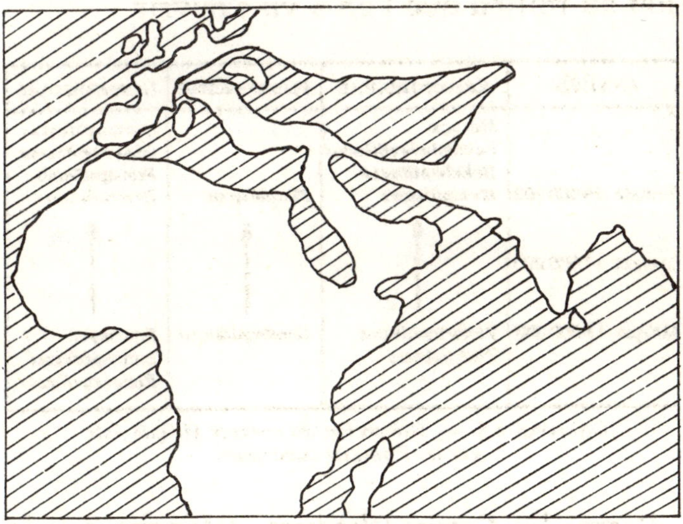

CARTE 4. — Ancien monde après 17 millions d'années (établissement d'un corridor entre l'Afrique et l'Eurasie).

recontrés dans le Miocène inférieur d'Afrique vont utiliser le pont ainsi réalisé : les Cercopithèques vont soudain apparaître en Asie et en Europe (Macaque, Mésopithèque, Dolichopithèque, Paradolichopithèque, Procynocéphale, *Presbytis, Pygathrix, Nasalis,* et peut-être le fameux Oréopithèque) ; les Pliopithèques vont se répandre à travers toute l'Europe tandis que l'Asie recueillera, sous les traits du Gibbon et du Siamang, leurs descendants possibles ; quant aux Hominoïdes, ils vont poursuivre brillamment leur développement et leur diversification sous les noms de *Dryopithecus (Dryopithecus),* puis d'*Ouranopithecus, Sugrivapithecus, Rudapithecus, Bodvapithecus, Sivapithecus, Gigantopithecus, Ramapithecus...,* la plupart d'entre eux ayant d'ailleurs réalisé l'adaptation au milieu que l'on a vu s'ouvrir.

| ANNÉES | CERCOPITHECIDAE | PLIOPITHECIDAE | DRYOPITHECIDAE |
|---|---|---|---|
| Eurasie 16 000 000 | *Macaca*<br>*Paradolichopithecus*<br>*Dolichopithecus*<br>*Mesopithecus* | *Pliopithecus* | *Ouranopithecus*<br>*Gigantopithecus*<br>*Ramapithecus*<br>*Dryopithecus* |
| Contact 17 000 000 | ↑ | ↑ | ↑ |
| Afrique 18 000 000 | *Victoriapithecus*<br>*Prohylobates* | *Dendropithecus* | *Proconsul*<br>*Limnopithecus*<br>*Rangwapithecus* |

GRAPHIQUE 5. — *Utilisation du contact Afrique-Asie par les Primates supérieurs.*

Parmi les Cercopithèques, retenons que le Mésopithèque est européen et moyen-oriental (Iran), que Dolichopithèque est plus strictement européen, que Paradolichopithèque est européen et asiatique (Tadzhikistan) et que *Macaca*, le Magot, est très largement eurasiatique et présent du Miocène à aujourd'hui (il est le dernier singe d'Europe encore accroché au rocher de Gibraltar). Procynocéphale, *Presbytis*, *Pigathrix* et *Nasalis* sont uniquement asiatiques et trois d'entre eux — les trois derniers — sont encore vivants.

Avant d'abandonner ce monde remuant des petits singes, n'oublions pas de dire que si un certain nombre d'entre eux ont effectivement utilisé la nouvelle répartition des terres pour conquérir l'Eurasie (jusqu'au 50e degré de latitude Nord : Mésopithèque), ce groupe n'en a pas moins poursuivi un extraordinaire développement sur son continent d'origine : les *Cercopithecus*, *Papio*, *Parapapio*, *Cercocebus*, *Dinopithecus*, *Theropithecus*, *Erythrocebus*, *Gorgopithecus*, *Macaca*, *Allenopithecus* et tous les Colobes variés, *Colobus*, *Paracolobus*, *Libypithecus*, *Cercopithecoides*, s'y rencontrent à travers le reste du Miocène, s'y épanouissent de façon spectaculaire au Pliocène et au Pléistocène inférieur et continuent, comme l'on sait, leur histoire dans toutes les régions de forêts ou de savanes, parfois même de paysages très ouverts du continent africain comme les régions arrosées du Maghreb (Macaques) ou même les oueds les plus déshérités du Sahara du moment qu'ils se trouvent encore semés de quelques points d'eau (Théropithèques et

*Papio,* que l'on appelle les « Cynos », pour Cynocéphales).

Tantôt Pondigé, tantôt Cercopithécidé, *Oreopithecus* (le Singe de la montagne) des forêts du Miocène supérieur (8 à 9 millions d'années) de Toscane, a eu une place privilégiée dans l'histoire des recherches de notre origine. Décrit dès 1872 par Gervais à partir d'une mandibule presque complète provenant des lignites du Mont Bamboli, il a alors été classé dans les Cercopithèques, bien que soient déjà notés ses traits particuliers qui ne se rapportent vraiment ni à ceux de petits singes ni à ceux de grands singes. Puis son étude fut reprise par Hürzeler qui eut l'heureuse idée de mener de nouvelles recherches sur le terrain dans les mines mêmes du Mont Bamboli ; or, bien lui en prit puisqu'en 1958 il eut la chance extraordinaire d'en découvrir un squelette presque entier dans le toit d'une des galeries d'exploitation de la mine, à 100 m sous terre. Disons au passage que la récolte d'un squelette entier est un événement d'une extrême importance, car d'une extrême rareté ; en dehors des Hommes de Néandertal de moins de 100 000 ans et à plus forte raison des Hommes plus récents conservés parce qu'ils ont été volontairement enterrés, on ne connaît, en dehors de cette découverte d'Oréopithèque, que trois squelettes de Simiens plus ou moins complets : celui de *Mesopithecus pentelici,* de Pikermi en Grèce, un Cercopithèque du Miocène supérieur (7 millions d'années) ; celui de *Paracolobus che-*

FIG. 15. — *Squelette d'Oréopithèque du Mont Bamboli.*

*meroni*, de Chemeron au Kenya, un petit Cercopithèque du Pliocène (4 millions d'années) ; et celui d'*Australopithecus afarensis*, Pré-*Australopithecus* dans ce livre, appelé « Lucie », d'Hadar en Ethiopie, Hominidé du Pliocène (3 millions d'années).

Oréopithèque est donc un primate que l'on connaît bien. De taille moyenne, d'1,10 m à 1,20 m redressé, il devait peser une quarantaine de kilos. Il présente des incisives supérieures et inférieures implantées verticalement et usées horizontalement, des canines elles-mêmes verticales et robustes, sans être très hautes, une première prémolaire inférieure à 2 tubercules, des prémolaires inférieures et des prémolaires supérieures de taille à peu près semblable 2 à 2, autant de caractères ressemblant étrangement à ceux des Hommes. Mais quelques caractères dentaires particuliers tempèrent cependant l'enthousiasme : c'est la présence d'un tubercule central sur les molaires inférieures, c'est aussi la grande hauteur des tubercules de toutes ces dents de la joue (prémolaires et molaires), ou encore le resserrement de l'arcade dentaire vers l'avant.

Quand on s'adresse au crâne pour tenter de mieux saisir la nature et les affinités de ce curieux personnage, on est confronté aux mêmes ressemblances troublantes avec les traits que précisément l'on cherche. Le crâne porte un cerveau d'environ 200 $cm^3$ ; il n'a pas de puissantes superstructures, mais une crête sagittale discrète qui rejoint une crête nuchale basse ; la face est courte, les os du nez saillants, l'arcade zygomatique haute et les bourrelets sus-orbitaires forts. Voilà encore un cortège de traits qui ne déparerait pas sur la tête d'un ancêtre !... La mandibule est robuste mais elle a une partie antérieure (symphyse) arrondie, des branches horizontales hautes et des branches montantes verticales, ce qui n'est pas non plus pour déplaire. Si maintenant l'on analyse le squelette post-crânien, la « séduction » se poursuit. Le tronc est court, le bassin a un ilion large et pas très haut et une épine iliaque développée comme chez l'homme. Le coude, la tête du fémur sont aussi humains à plusieurs égards ; par contre, les vertèbres lombaires sont carénées comme chez les Cercopithèques et les membres antérieurs sont désespérément longs par rapport aux inférieurs, ce qui est, comme on peut s'en douter, significatif d'une locomotion en très grande partie brachiatrice, type de locomotion largement confirmé par ailleurs par la courbure des phalanges des mains et par la construction, faite pour la mobilité plus que pour la stabilité, de toutes les articulations des hanches, des épaules, des bras et des jambes.

Il y a de toute façon de quoi plonger les paléontologistes dans l'embarras ; il ne fait pas de doute, même si ces traits ne représentent que les aboutissements d'une évolution parallèle, que les ressemblances d'Oréopithèque avec les Hommes sont plus nombreuses et importantes que chez n'importe quel autre Primate de cette époque. Mais il est également possible, bien sûr, de mettre en valeur les caractères primitifs d'Oréopithèque, dire qu'après tout *Apidium* et les Colobes montrent aussi un raccourcissement de la face, des petites canines et des prémolaires moins hétéromorphes, ajouter que certains de ses caractères se rapprochent encore de ceux de l'Orang-outang (extrémité distale de l'humérus, tête et condyles du fémur, indice fémoro-huméral) ou de ceux du Gigantopithèque (réduction de la canine, présence de deux tubercules à la première prémolaire inférieure). Quant à la hauteur des molaires et à l'augmentation de leur taille de la première à la troisième comme chez Australopithèque, elles peuvent seulement traduire une alimentation herbivore ou folivore.

Compte tenu de tout cela, certains auteurs suggèrent de placer *Oreopithecus,* parce qu'il a évolué de manière originale et indépen-

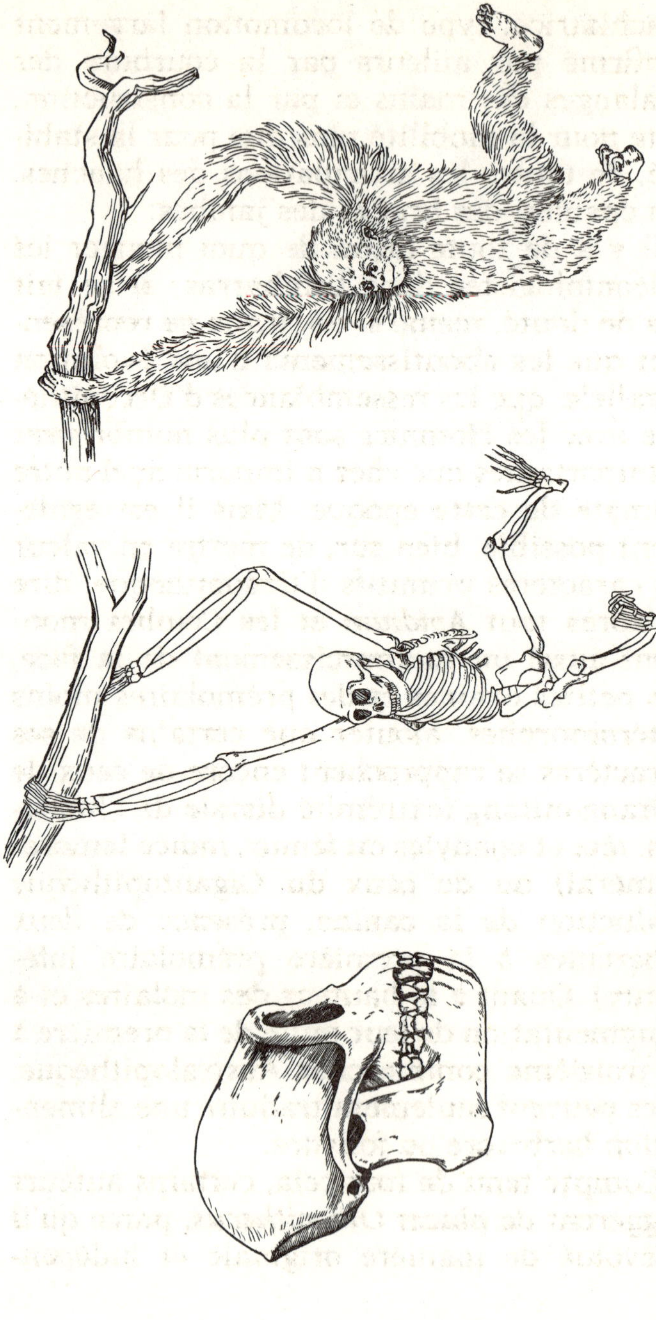

FIG. 16. — *Crâne, squelette et reconstitution d'Oreopithecus.*

dante, parmi les Grands Singes, mais à part. D'autres en font un Cercopithècoïde d'une famille particulière, les Oréopithecidae. Quant à Hürzeler, contraint de déplacer un peu ce fossile en marge de notre itinéraire, il n'en maintient pas moins *Oreopithecus* parmi les parents très proches de l'Homme, adapté à la brachiation pour des raisons circonstancielles. « C'est un rameau latéral et éteint des Hominidés », écrivait-il récemment.

Le second groupe dont nous allons rechercher les représentants en Eurasie est celui des Pliopithèques dont on a vu l'origine avec les Dendropithèques du Miocène inférieur d'Afrique. *Pliopithecus* lui-même est la réponse (mais on pourrait parler aussi de *Crouzelia* de France, d'*Anapithecus* de Hongrie, de *Krishnapithecus* d'Inde et de Mongolie etc.). C'est en effet un genre du Miocène moyen et supérieur d'Europe centrale et méridionale ; découvert dès 1834 par Edouard Lartet à Sansan dans le Gers, il fut décrit sous ce nom, signifiant « singe plus récent », par Gervais en 1849. Muni d'une longue queue, cet élégant primate, mince et élancé, vivait à la fois à terre et suspendu aux arbres par ses membres antérieurs (humérus long, léger et droit), mais il n'avait pas encore atteint l'extraordinaire degré de brachiation du Gibbon qui pourrait bien être son descendant. Son crâne n'était pas grand, son museau pas autant projeté que dans les autres formes, sa face était droite (on dit orthognathe) et courte, ses canines longues et fines comme chez le gibbon, ses molaires à tubercules ronds et bas comme chez beaucoup de Primates supérieurs modernes.

Ainsi considérés par certains auteurs comme tellement proches des Hylobatidés qu'ils les reliaient volontiers entre eux sans pour autant expliquer la localisation des uns en Europe et celle des autres dans le Sud-Est asiatique, ils sont classés plus prudemment par d'autres comme les représentants d'un groupe cul-de-sac; ces derniers auteurs

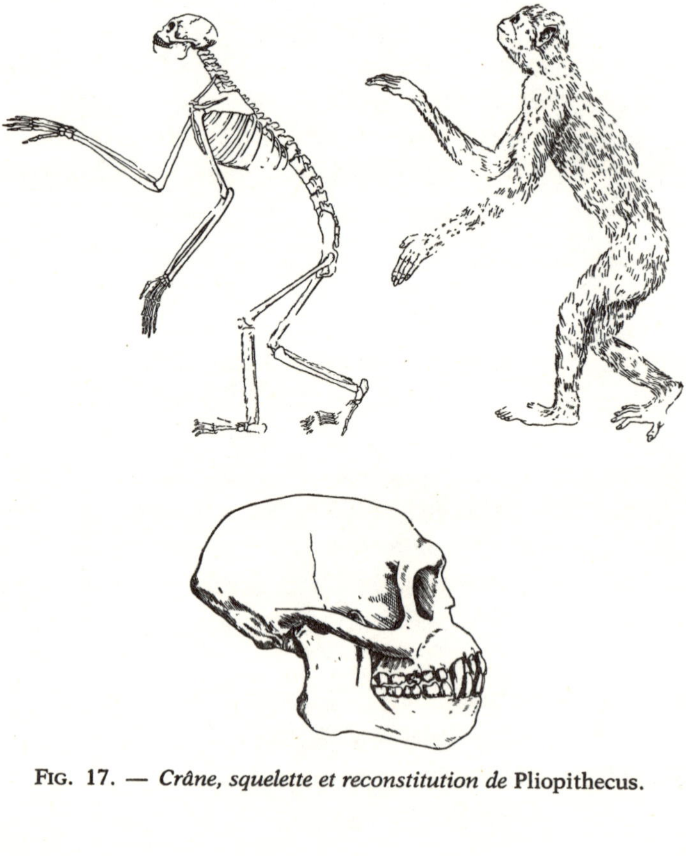

FIG. 17. — *Crâne, squelette et reconstitution de* Pliopithecus.

opposent aux gibbons frugivores l'adaptation folivore des Pliopithèques (rangée dentaire longue, incisives étroites, muscle masséter implanté très en avant, muscle temporal important) et, au lieu de voir dans l'adaptation de ces derniers à la course à terre et dans les arbres une préparation à la parfaite suspension des gibbons, ils la considèrent plutôt comme un type de locomotion bien établi, agile, actif et efficace, n'en préparant nullement un autre.

Comme il est aisé de le constater tout au long de cette généalogie, chaque animal, après une étude approfondie, finit par se démarquer de toute ascendance ou descendance ; la seule parenté tolérée est éventuellement celle d'ancêtres curieusement toujours inconnus, et, bien entendu, beaucoup plus indifférenciés que les animaux que l'on considérait, dans un premier temps hâtif, comme des ascendants évidents ; après tout, il suffit de s'y faire. On peut aussi concevoir la phylogénie de cette façon-là.

Le troisième groupe dont nous essaierons de suivre les migrations est celui des Dryopithèques ; son comportement a été comparable à celui des représentants des deux groupes examinés précédemment. Certains Dryopithèques ont en effet profité du passage Afrique-Asie pour se répandre à travers une grande partie, sinon la totalité de l'Eurasie tropicale. Nous les retrouverons sous les traits de *Dryopithecus (Dryopithecus)*, puis sous ceux de ses descendants, *Gigantopithe-*

*cus*, *Sivapithecus* et *Ramapithecus*, et d'un certain nombre d'autres formes parfaitement indépendantes ou plus ou moins assimilables à l'une des trois premières, telles *Graecopithecus* et *Ouranopithecus* de Grèce, *Bodvapithecus* et *Rudapithecus* de Hongrie, *Ankarapithecus* de Turquie, etc.

Découvert pour la première fois en 1856 à Saint-Gaudens, en Haute-Garonne, par un naturaliste amateur dans un site du Miocène moyen (environ 14 millions d'années), *Dryopithecus* fut le premier des Dryopithèques décrit ; c'est le paléontologiste français Edouard Lartet qui lui donna ce nom de Singe des chênes, car des troncs de cet arbre avaient été reconnus dans des lignites contemporaines et voisines. *Dryopithecus* a été découvert depuis lors dans le Miocène moyen et le début du Miocène supérieur d'Espagne, d'Allemagne, d'Autriche, de Tchécoslovaquie et d'Union soviétique, ainsi que du Pakistan, de l'Inde et de la Chine. *Dryopithecus* d'Eurasie a les caractères de ses parents d'Afrique.

Ces Dryopithèques vont donc donner naissance à leur tour, sur les trois continents qu'ils habitent, à un certain nombre de formes qui partagent toutes une tendance à s'adapter à la vie au sol. *Gigantopithecus* est le plus extravagant de ces descendants ; c'est un énorme Primate, de loin le plus grand connu ; comme on n'en a retrouvé pour le moment que des dents et des mâchoires, il est difficile d'en estimer la taille (des incisives aux dernières molaires, la distance mesurée est par exemple deux fois plus grande que chez l'homme moderne); des auteurs s'y sont essayés cependant, et leurs estimations hésitent entre 2 m et 3,65 m, debout! Il a été découvert en 1935 de façon très inattendue, par le paléontologiste allemand G. H. R. Von Koenigswald... dans un tiroir d'une pharmacie de Hong Kong! Les pharmacies chinoises vendent en effet toute une variété de restes organiques, dents, ossements, cornes, actuels et fossiles, appelés

FIG. 18. — *Reconstitution de* Gigantopithecus.

« Lung Ku » et « Lung ch'ih », os et dents de dragons, pour consommation en poudre en vue de traitements divers. Pendant plus de 20 ans, cet étrange Primate ne sera ainsi connu que par des documents en provenance de ces boutiques ; il a fallu attendre 1956 pour que des dents soient effectivement recueillies en place dans des formations géologiques, en l'occurrence un remplissage de grotte, suivies bientôt par d'autres provenant de dépôts de fissures (districts de Tahsin et de Liucheng, province de Kwangsi) ; on en connaît aujourd'hui de très nombreuses dents et une belle collection de mandibules, de Chine mais aussi du Vietnam, de l'Inde et du Pakistan, curieusement répartis du Miocène supérieur au Pléistocène moyen (entre huit et un million d'années), ce qui veut tout simplement dire que le Gigantopithèque a été contemporain de l'Homme (l'*Homo erectus*).

Ce grand primate (250 à 300 kg) vivait bien entendu à terre où son alimentation devait être essentiellement composée de végétaux coriaces (graminées). Son environnement, aussi bien en Chine qu'en Inde, comporte d'ailleurs d'importants espaces ouverts, prairies et savanes claires. La conséquence morphologique en est un extraordinaire parallélisme avec les Hominidés en général (au point que Franz Weidenreich voulait l'appeler *Gigantanthropus*, l'Homme géant) et les Australopithèques en particulier : face courte et haute (déductible de la position extrêmement antérieure de la branche montante de la mandibule), rangée dentaire serrée, petites incisives et canines réduites, usées à plat, grandes prémolaires molarisées, premières prémolaires inférieures à deux tubercules, molaires à tubercules hauts, émail particulièrement épais. Tous ces traits que nous reverrons chez tous les ancêtres végétariens de l'Homme sont révélateurs d'une denture « en meule », qui avait beaucoup à mastiquer. Souvent associé au Grand Panda, ce Gigantopithèque avait réalisé une mâchoire de même type, adaptée à une alimentation à base de végétaux fibreux qu'il convient d'écraser et de mâcher avec persévérance. Il n'est d'ailleurs pas impossible que le Gigantopithèque ait eu, « à table », un comportement comparable à celui du Panda, assis, tenant et retenant les tiges et les épis avec les mains.

Au cœur de la variété de formes nées des Dryopithèques, *Ramapithecus* est aussi une grande figure. Dédié par G. Lewis en 1934 au prince déifié du Ramayana, ce petit Primate est allé plus loin que l'Oréopithèque, plusieurs millions d'années avant lui, dans ses ressemblances avec les Hominidés, au point qu'il a très longtemps eu sa photographie dans notre album de famille. Pour de simples raisons d'adaptations analogues à celles réalisées par nos ancêtres et cousins d'Afrique, les Australopithèques, ou pour ces raisons-là ajoutées à de réels rapports de parenté, *Ramapithecus* offre en effet un éventail de caractères qui se trouvent être ni plus ni moins ceux des Hominidés : sa face est courte, ses incisives et ses canines réduites, sa première prémolaire inférieure semi-sectoriale (ce qui veut dire qu'elle commence à travailler comme une molaire plutôt que comme une canine) ; ses molaires, très élargies, presque carrées, sont serrées les unes contre les autres, au point de présenter des facettes d'usure à l'endroit où elles se touchent ; elles montrent en outre un retard dans leur éruption, trahi par le gradient d'usure qui se manifeste de la première à la troisième, gradient bien connu chez les Hominidés (rappelons que notre première molaire apparaît à 6 ans tandis que notre dent de sagesse, quand elle daigne se montrer, ne le fait jamais avant 18 ou 20 ans). Prémolaires et molaires offrent en outre une épaisseur d'émail tout à fait extraordinaire ; la dent, usée complètement, ne laisse quelquefois pas deviner l'ivoire ! Sa mandibule est robuste et peu élevée ; ses muscles masséter et temporaux, puissants (l'os malaire a une position très antérieure, les arcades zygomatiques sont très débordantes), etc. Lorsque tous les caractères se coalisent ainsi pour rendre plus efficace le pouvoir de mastication de l'appareil dentaire, on ne peut s'empêcher de penser à un changement de régime alimentaire et d'envisager les raisons possibles de ce changement ; il est clair que la nourriture est devenue, au moins en partie, plus coriace (racines, graines, os) et que cette nouvelle cuisine a pu être dictée par la compétition sévissant dans l'ancienne (fruits, feuilles) ou par une évolution du climat qui s'est fait plus sec (moins d'arbres) ou plus cyclique (des fruits qu'en saison !). Toujours est-il que *Ramapithecus* a inventé, dès le Miocène moyen, le mécanisme dentaire de l'Australopithèque, en inaugurant la vie au sol. On commence à mieux connaître ce personnage attachant, vivant en forêt et à sa lisière, redressant de temps en temps son petit mètre de hauteur, cueillant des fruits ou déterrant des tubercules.

Sous le nom générique restreint de *Rama-*

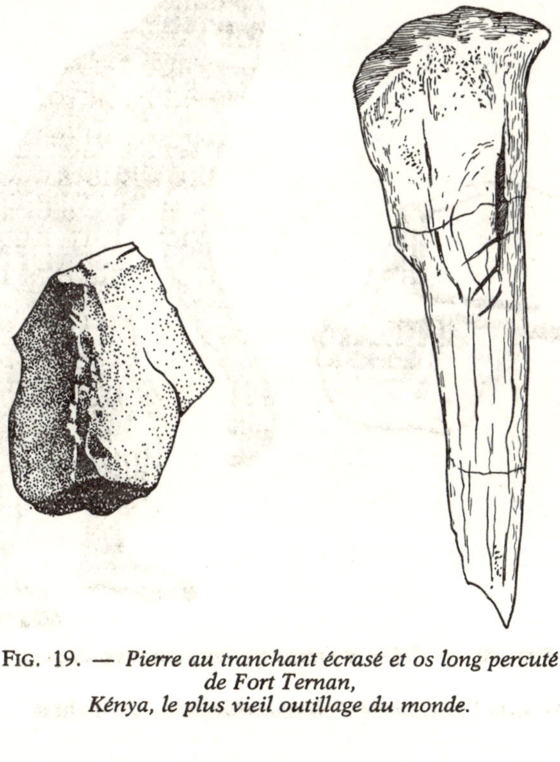

FIG. 19. — *Pierre au tranchant écrasé et os long percuté de Fort Ternan, Kénya, le plus vieil outillage du monde.*

*pithecus*, on glisse souvent le *Rudapithecus* de Hongrie, le *Graecopithecus* de Grèce, le *Kenyapithecus* du Kenya (il y a des auteurs qui ne débordent pas d'imagination[1] !). Une mention spéciale doit être décernée au passage à *Kenyapithecus* auprès de qui l'on a trouvé des cailloux de basalte de la taille d'un poing, aux tranchants naturels écrasés, et des ossements percutés (Fort-Ternan, Kenya, 14 millions d'années).

Mais, sous le nom de Ramapithèque, on glisse aussi parfois celui de son compagnon, le Sivapithèque, tellement fidèle que d'au-

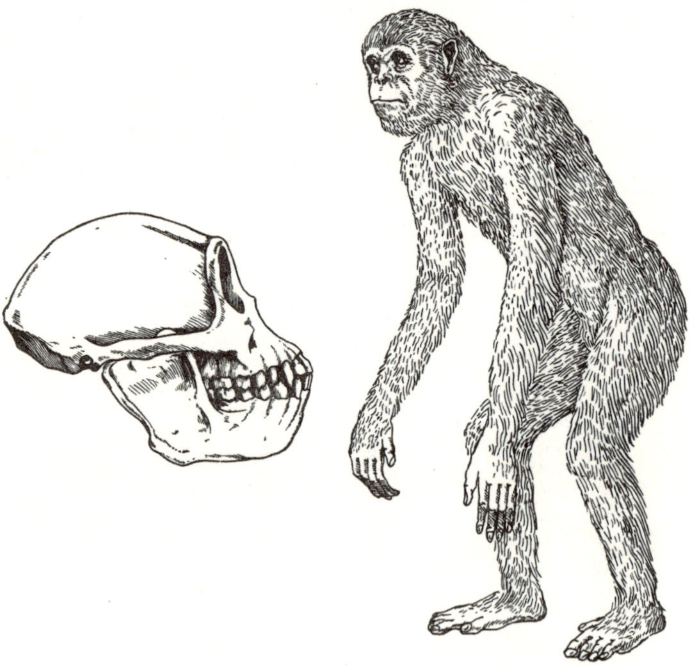

FIG. 20. — *Crâne et reconstitution de* Ramapithecus.

1. Je suis l'auteur de *Tchadanthropus*... du Tchad.

cuns y ont vu le représentant masculin d'un même genre dont *Ramapithecus* serait l'élément féminin. *Sivapithecus* est en effet présent, comme une ombre, de la Hongrie, de la Grèce et de la Turquie au Kenya, au Pakistan, à l'Inde et à la Chine. C'est aussi un Primate de pays ouvert, aux prémolaires et aux molaires serrées à émail épais, mais aux canines plus grandes et aux incisives plus larges que celles de Ramapithèque.

Il est sûrement excessif de mettre sous le même bonnet tous ces Primates qui ont vécu de 15 ou 16 (Paselar, Turquie) à 7 ou 8 millions d'années (plateau de Potwar, Pakistan), d'Europe à l'Afrique orientale et à l'Extrême-Orient, malgré leur morphologie et leur comportement comparables. Mais il est tout aussi abusif de retenir toutes les dénominations génériques dont les Paléontologistes ont été friands à leur égard. Disons que si *Ramapithecus* et *Sivapithecus* sont deux genres véritables, ils n'en ont pas moins entre eux quelque lien de parenté dans un passé très proche ; disons encore qu'*Ouranopithecus* de Macédoine, découvert par Louis de Bonis en 1977, est maintenant suffisamment connu dans ses variations individuelle et sexuelle pour qu'on ne le fonde pas dans une terminologie plus générale. Disons enfin que *Kenyapithecus,* qui fut réuni à ses frères indiens sous le nom de *Ramapithecus,* vient de se trouver à juste titre à nouveau isolé sous son nom de baptême ; il n'est pas exclu que ce genre africain, descendant des Proconsuls ait eu un rôle essentiel dans notre histoire et que l'épisode eurasiatique des Dryopithèques puis des Ramapithèques n'ait été qu'accessoire.

Par leur adaptation à la vie à terre et l'alimentation qui en découle, par leur degré évolutif aussi — il s'agit après tout de Primates supérieurs des confins mioplio-cènes —, voici de toute façon des personnages qui proposent déjà bien des traits qui seront nôtres. S'il y a en partie convergence, il doit y avoir aussi en partie parenté, et même si la tête de *Sivapithecus* (récemment découverte par le paléontologiste anglais David Pilbeam au Pakistan) ressemble à s'y méprendre à celle de l'Orang-Outang, nous devons, avec un effort, nous y reconnaître déjà un peu.

*Gigantopithecus* a donc des chances de représenter une voie sans issue ; *Kenyapithecus* pourrait être lié à l'ascendance des Hominidés et des Gorilles et Chimpanzés, directement donc à notre histoire ; quant à *Ramapithecus* et *Sivapithecus,* ils auraient plutôt à voir avec l'origine de l'Orang-Outang, ce grand singe frugivore des forêts d'Asie dont le grand front et le regard triste nous ont si souvent troublés.

*
**

Après avoir offert à la Paléontologie le plus malin des Ramapithèques, *Kenyapithecus wickeri* du Miocène moyen — celui qui ramasse les cailloux dont les formes lui conviennent pour casser les os et avoir un accès plus facile à la moelle qu'il affectionne —, l'Afrique devient un peu plus avare de ses Primates fossiles. Elle vient cependant de laisser échapper de ses archives sédimentaires, devant des Japonais étonnés, un demi-maxillaire encore porteur de ses 5 dents jugales, deux prémolaires ressemblant à celles des Australopithèques, et trois molaires larges et basses de mâcheur de tubercules, accusant au moins 8 millions d'années, peut-être même 10 ! Ceci se passait il y a deux ans, dans la vallée de la Suguta, au nord du Kénya. Est-ce là le successeur de *Ramapithecus* dans l'album de famille ? M. Hidemi Ishida ne devrait pas tarder à nous le dire.

Et puis se dessine doucement le monde extraordinaire des Australopithèques qui va s'épanouir de la mer Rouge au Cap entre 6 millions d'années, peut-être plus, et un million d'années, peut-être moins ; monde extraordinaire, parce qu'il va nous donner la première image d'Hominidés incontestables, redressés en permanence sur leurs pattes postérieures, et qui annoncent l'Homme tout en réalisant « autre chose ». L'histoire des êtres vivants nous offre de multiples exemples de ce genre ; celui qui donne naissance à une forme nouvelle ne va pas pour autant cesser de développer sa descendance « traditionnelle » ; un ancêtre est donc aussi un cousin. On l'a vu dans cet ouvrage tout au long de l'histoire des Primates. Même si les

Australopithèques sont à l'origine de l'Homme, ils n'en ont pas moins poursuivi, pendant plusieurs millions d'années, leur destinée originale d'Australopithèques après que l'Homme, le genre *Homo,* est apparu ; les Hommes descendent donc très probablement de certains Australopithèques (ceux de 5 ou 6 millions d'années peut-être, nos ancêtres), mais n'en coexistent pas moins avec d'autres Australopithèques (ceux de 4 à 1 million d'années sans doute, nos cousins).

Essentiellement pliocène et pléistocène inférieur, même s'ils dépassent un peu au-delà et en-deçà les limites de ces étages, voici donc enfin repérés ces gens de la famille. Et comme ils sont tropicaux et africains, c'est « à cause » d'eux que l'on déclare l'origine de l'Humanité tropicale, africaine et unique. Il fallait s'attendre à ce qu'elle fût tropicale, tous les Primates que nous avons vus au cours de ce récit et qui nous précèdent l'ayant été ; on pouvait raisonnablement la prévoir unique, l'Humanité contemporaine étant bien plus homogène qu'elle n'était si longtemps apparue aux anthropologues classificateurs ; enfin, l'importance grandissante du nombre des découvertes oblige à considérer au moins comme un fragment du fameux berceau de l'Humanité, s'il n'en est le berceau tout entier, cette province biogéographique qu'est le quadrant sud-est de l'Afrique, essentiellement couverte aujourd'hui de prairies et de savanes claires que d'élégants épineux parasols ou de décoratifs palmiers doums ombragent de loin en loin. On ne pouvait rêver plus merveilleux berceau que ce jardin semé de pièces d'eau où le gibier abonde.

Avant de raconter la grande histoire des Australopithèques, rappelons la petite. Si la première dent de Gigantopithèque a été achetée en tant que produit thérapeutique, le premier crâne d'Australopithèque a été quant à lui remarqué alors qu'il était presse-papier! Un géologue de Johannesburg, le professeur R. B. Young, était entré, un jour de novembre 1924, dans le bureau de M. A. E. Spiers, directeur de la Société « Northern Lime » à Taung, au Bechuanaland, afin de lui demander l'autorisation d'examiner les fronts de carrières de son exploitation; or il fut intrigué, au cours de la conversation, par un petit crâne fossile encore pris dans une gangue de brèche très dure et qui servait de presse-papier sur le bureau de son interlocuteur; Young demanda à M. Spiers s'il pouvait emprunter la pièce pour la montrer à

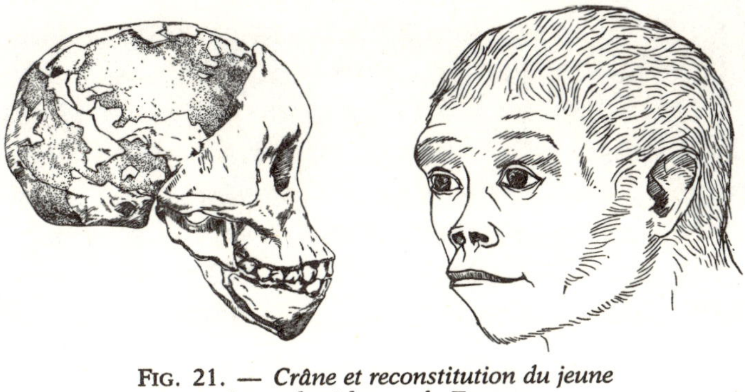

FIG. 21. — *Crâne et reconstitution du jeune* Australopithecus de Taung.

son collègue anatomiste de l'Université de Johannesburg et M. Spiers, qui pensait qu'il s'agissait du crâne, un peu ancien certes, d'un indigène Bushman, permit très volontiers à Young d'emporter l'objet. L'anatomiste Raymond Dart dégagea patiemment le petit crâne (qui était celui d'un enfant de 6 ans) et son moulage endocrânien naturel particulièrement bien conservé, et, après l'avoir étudié, annonça dans une note de février 1925, la naissance d'un nouveau Primate, *Australopithecus africanus,* qui, disait-il, avait quelque chose à voir avec notre origine. Et ce fut un jugement d'une étonnante clairvoyance à une époque où l'on imaginait un ancêtre à gros cerveau et denture de singe.

Le monde des Australopithèques n'a ni l'ampleur spatiale ni l'ampleur temporelle de celui des Ramapithèques ou de celui des Dryopithèques. Mais il se révèle tout de même plus compliqué qu'il n'était apparu. Il semble débuter par un genre, archaïque à bien des égards, et que j'ai appelé informellement Pré-*Australopithecus* [1] en attendant que lui soit donné un nom; uniquement est-africain, ce genre ne dépasse guère 2 700 000 ans. Le relais est pris, vers 3 millions, 3 500 000 ans, par le genre *Australopithecus* proprement dit qui va développer, en deux millions et demi d'années, une spectaculaire adaptation à une mastication puis-

1. Opinion qui n'engage que l'auteur.

sante. Dans les deux sous-provinces où il a vécu vont se succéder ainsi ce que l'on a appelé une espèce gracile et une espèce robuste, le passage de l'une à l'autre se faisant vers 2 200 000 ans en Afrique orientale, 2 millions d'années en Afrique méridionale.

Les Australopithèques sont donc des êtres fascinants qui nous révèlent ce à quoi ont pu ressembler des Hominidés qui ne sont pas encore des Hommes.

Redressés mais pas autant que nous le sommes, ils ont un cerveau dont l'organisation (déductible du moulage de l'endocrâne) est de type hominien, mais dont la taille est encore très réduite ; ils ont une denture à petite canine et prémolaires molarisées, mais cette denture est très spécialisée ; ils ont des membres antérieurs courts, mais ces membres sont encore marqués des traits révélant leur rôle dans le grimpé aux arbres. Et à côté de ces particularités ou de ces réminiscences, ces Hominidés n'en sont sans doute pas moins les premiers artisans des premiers outils de pierre et d'os taillés ; cet outillage et la nécessité dans laquelle ils se sont trouvés de resserrer leurs liens individuels dans un milieu qui perdait ses arbres protecteurs, font d'ailleurs penser que leur comportement social était déjà très complexe. C'est donc morphologiquement, technologiquement, comportementalement que ces étranges et vieux parents, essentiellement végétariens, nous acheminent vers l'Homme.

Pré-*Australopithecus*, est, comme nous l'avons vu, un genre uniquement est-africain ; le berceau de la famille des Hominidés apparaît ainsi plutôt dans cette région ; c'est une première expansion qui l'aurait conduite en Afrique du Sud. Pré-*Australopithecus* est bien connu par de nombreux restes reccueillis en Ethiopie, au Kenya et en Tanzanie (que Donald Johanson, Tim White et l'auteur ont appelé *Australopithecus afarensis* en 1978), mais surtout par 52 os du squelette d'un même individu découvert dans la province du Wollo, dans l'Afar éthiopien (site d'Hadar) et baptisé Lucie par les inventeurs [1] et Birkinesh par les Ethiopiens (Lucie en mémoire des Beatles dont la chanson *Lucy in the Sky with Diamonds* enchantait nos soirées sur le terrain, et Birkinesh parce que les Ethiopiens, préférant donner un prénom amharique à un fossile ayant vécu dans leur pays, choisirent celui-ci dont la traduction est à peu près : « vous êtes une personne de valeur »). Toute l'anatomie de Lucie, des pieds au crâne en passant par le bassin, est celle d'un être redressé incontestable, mais dont la mobilité des attaches fait qu'on doive lui accorder une agilité supplémentaire. Lucie était bipède mais elle grimpait sûrement aux arbres, ce qui devait lui être d'ailleurs souvent bien utile. D'un petit peu plus d'un mètre de haut, elle avait un port un peu

1. Les membres de l' « International Afar Research Expedition », dirigée par Maurice Taieb, Donald Johanson et l'auteur.

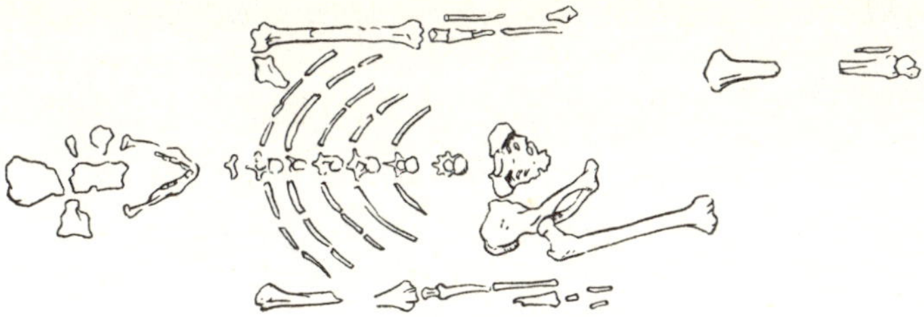

FIG. 22. — *Squelette de Lucie.*

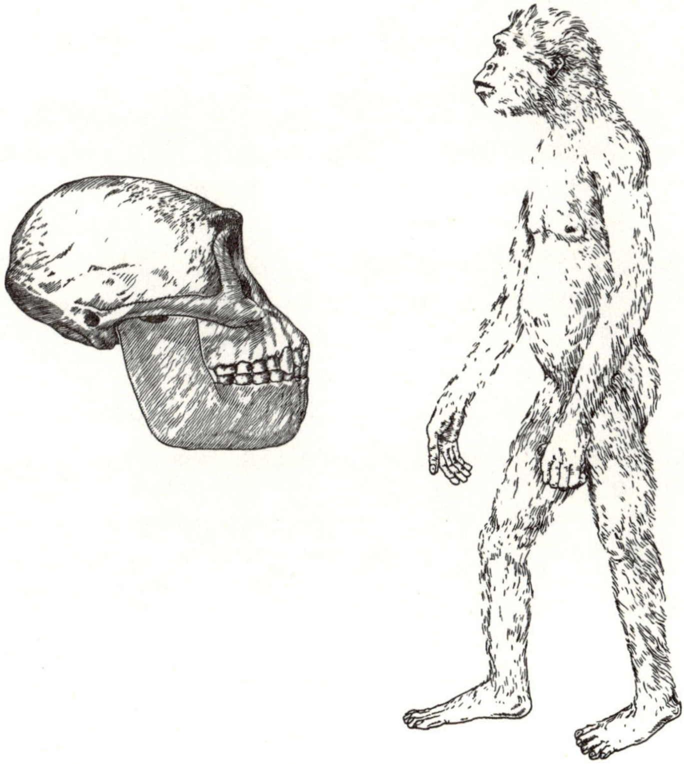

FIG. 23. — *Crâne et reconstitution de Pré-*Australopithecus.

voûté, des membres supérieurs légèrement plus longs que les nôtres relativement à la taille des inférieurs, une petite tête à la face projetée, un palais très peu profond mais de petites canines, des premières prémolaires inférieures en cours de molarisation (une à deux cuspides), des dents jugales développées à émail épais, une organisation cérébrale hominienne, et des mains certainement capables d'une préhension précise.

Aux pièces squelettiques s'ajoute une catégorie tout à fait extraordinaire de documents découverts à Laetoli, en Tanzanie, de 1976 à 1978 ; il s'agit d'empreintes de pas, vieilles de 3 millions et demi d'années et attribuables à des Hominidés. Ces pistes, au nombre de trois, sont portées par deux niveaux de tuf ; la première, longue d' 1,50 m, est faite de 5 empreintes courtes, triangulaires, enfoncées au talon, larges en avant avec la marque très nette du gros orteil ; les deux autres, parallèles, ont peut-être été imprimées à des époques différentes ; l'une est faite de 22 empreintes, l'autre de 12 ; la première propose des empreintes de 18, 5 × 8,8 cm et une enjambée de 38,7 cm ; la seconde des empreintes de 21,5 × 10 cm et une enjambée de 47,2 cm. Elles sont toutes étonnamment modernes de contour, de galbe et d'appui. Il n'est pas besoin de souligner l'extraordinaire intérêt de tels documents sur le plan scientifique, bien sûr, pour tout ce qu'ils peuvent révéler de la station de ces Hominidés, de leur port, de leur démarche, de la mécanique de leur locomotion et de son efficacité, mais aussi sur le plan émotionnel, puisqu'ils représentent de loin le plus ancien témoignage de marche bipède de notre histoire.

Pré-*Australopithecus* semble être présent à Lætoli, mais est-il le seul Hominidé vivant alors dans cette région du monde ? Probablement pas. Ces empreintes pourraient alors avoir été faites par cette forme archaïque, mais aussi bien par son descendant, *Australopithecus* ou déjà *Homo* ou peut-être par les deux.

*Australopithecus* est est-africain et sud-africain ; il est, comme Pré-*Australopithecus*, bien représenté par un nombre important de restes récoltés dans cinq sites en grottes du Transvaal et du Bechuanaland, et une quinzaine de gisements de plein air de Tanzanie, du Kenya et d'Ethiopie dont certains, comme Olduvai en Tanzanie, l'Est-Turkana au Kenya, ou l'Omo en Ethiopie, constituent en fait à eux seuls plusieurs dizaines de gisements. *Australopithecus* a le bassin de Pré-*Austalopithecus* mais les membres inférieurs aux articulations plus « calées » ; il est meilleur marcheur que son prédécesseur (prédécesseur, ancêtre et cousin, comme tant d'autres formes) ; certains caractères, cependant, ceux notamment des membres supérieurs, sont comparables à ce que l'on peut observer chez Pré-*Australopithecus* et continuent de trahir une propension à grimper aux arbres. L'encéphale, tout en restant très modeste en volume (il ne passe que de 400 à 550 $cm^3$

environ en 2 millions et demi d'années), semble développer son activité ; dans la mesure, en effet, où le tracé des vaisseaux sanguins de la dure-mère est un reflet des besoins en oxygène du système nerveux central, on assiste, au long du phylum d'*Australopithecus,* à un accroissement de cette irrigation dans les régions latérales, temporale et pariétale, du cerveau. Le crâne et la denture, quant à eux, subissent une extraordinaire transformation ; ils sont littéralement modelés pour mieux moudre. Les dents se rangent peu à peu en trois batteries par mâchoire, une antérieure, coupante, alignant 2 canines et 4 incisives, toutes les six petites et plantées verticalement, deux latérales broyantes, faites chacune de 2 prémolaires molarisées et développées transversalement (on dit vestibulo-lingualement), et de 3 molaires larges, serrées et recouvertes d'un émail épais. A mâchoire forte, équipement musculaire puissant, et à muscles robustes, infrastructure osseuse résistante ; cet enchaînement mécanique entraîné lui-même par une mastication de plus en plus importante aboutit à une morphologie crânienne merveilleusement « faite » pour rendre cette mastication parfaitement efficace ; c'est un modèle d'adaptation. Le crâne tout entier devient un moulin. Et cette adaptation a été elle-même rendue nécessaire par un autre enchaînement : la végétation arbustive avait considérablement diminué par suite d'un important changement climatique, et la forte mastication était devenue indispensable pour ingérer et digérer une alimentation devenue chaque jour plus coriace.

Dans plusieurs sites qui, apparemment, n'ont livré que des Australopithèques, ont été en outre récoltés des pierres ou des os intentionnellement brisés, quelquefois retouchés, souvent utilisés. Le plus ancien de ces gisements, qui se trouve être le gisement du plus vieil outillage de pierre taillée du monde, est celui de l'Omo, en Ethiopie[1]. Ce gisement extraordinaire offre plus d'un millier de mètres d'épaisseur de sédiments datés de plus de 4 millions d'années à la base et de moins d'un million d'années au sommet. Or, entre les couches de 3 millions d'années et celles d'un peu plus de 2 millions d'années, on recueille une curieuse industrie d'éclats de quartz de très petite taille. Lorsqu'elle a été découverte, elle a d'abord été considérée avec prudence comme pouvant représenter les déchets de la taille d'un autre outillage pas encore repéré. Et puis, les prospections et les fouilles se multipliant, il a fallu se rendre à l'évidence : il s'agissait bien d'un véritable outillage qui, pour des raisons de capacité technique de son auteur, ou plus simplement de disponibilité de matière première (petits galets de quartz), avait cette facture inattendue. On en possède aujourd'hui plusieurs milliers de pièces; il s'agit essentiellement

1. Fouillé dix ans (1967-1976) par Francis Clark Howell et l'auteur.

de galets cassés, de nucleus et d'éclats dont 5 à 6 % au grand maximum sont retouchés en lamelles, pièces à encoche, racloirs et burins. L'Hominidé associé dans les mêmes couches et même, dans quelques cas, sur les mêmes sites, est *Australopithecus* (l'espèce gracile). C'est d'ailleurs en même temps la première fois que l'on repère des aires d'occupation, des endroits privilégiés où l'Hominidé a séjourné, même si ce séjour a été bref.

Une de ces localités de la vallée de l'Omo, nommée Omo 123, datée d'environ 2 millions d'années, et fouillée par Jean Chavaillon, a livré une moyenne de 150 à 180 pièces lithiques au mètre carré.

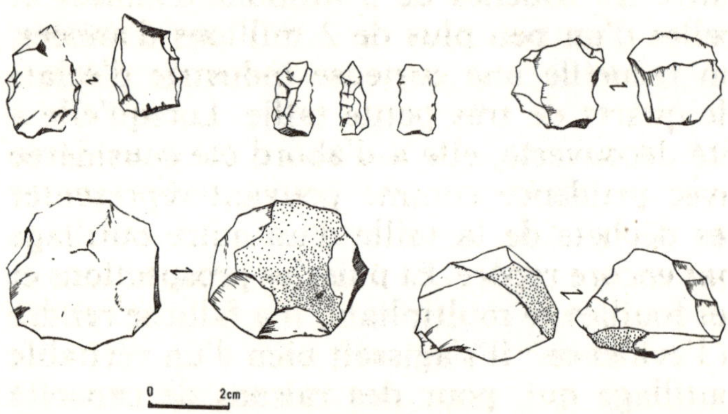


FIG. 24. — *Le plus vieil outillage taillé du monde (Omo, Ethiopie).*

Un autre type de gisement est fourni par le site de Makapansgat, au Transvaal. La brèche osseuse qui remplit la grotte livre, en effet, mêlés, des restes d'*Australopithecus* (l'espèce gracile) et des ossements et des dents de divers mammifères, qui semblent avoir été artificiellement brisés et parfois retouchés pour être utilisés. Mis en évidence par Raymond Dart, cet outillage a été fort contesté ; on a dit par exemple que les cassures pouvaient n'être que l'ouvrage de carnivores, des hyènes en particulier, dont les grottes étaient aussi le repaire. Je pense en fait que, psychologiquement, beaucoup d'auteurs ont eu de la peine à concevoir l'outil sans l'homme et ont ainsi mis en doute, consciemment ou non, son association avec des êtres qui « ne le méritent pas ». La répétition de certains types de cassure, la présence de retouches incontestables, même si elles sont rares, l'évidence de traces fréquentes d'usage authentifient pour moi cette culture gratifiée par son inventeur du nom d'ostéodontokératique, parce qu'elle avait utilisé l'os, la dent et la corne, et par ses détracteurs de « dartefacts ».

*Australopithecus*, aux sociétés suffisamment organisées pour se grouper, au moins de temps à autre, sur des aires d'habitation, pourrait donc être le premier hominidé à fabriquer des outils ; c'est en frappant avec quelque chose sur autre chose qu'est en effet né l'outil au second degré, celui que l'on aménage avant de l'utiliser, au lieu de s'en servir directement.

*Australopithecus africanus*, la plus ancienne, la plus gracile des espèces d'*Australopithecus*, semble avoir été reconnue à la fois en Afrique du Sud et en Afrique de l'Est, entre 3 millions d'années, peut-être plus, et

1 800 000 ans, peut-être moins. C'est une espèce de petite taille, de poids modeste, 1,25 m environ pour 25 à 30 kg ; son crâne, au front distinct, a une capacité d'environ 400 à 500 $cm^3$ ; sa face, réduite, se projette encore de manière sensible, notamment dans la région maxillaire. La denture est forte, composée d'incisives et de canines relativement grandes, de prémolaires et de molaires développées, l'ensemble réalisant une arcade

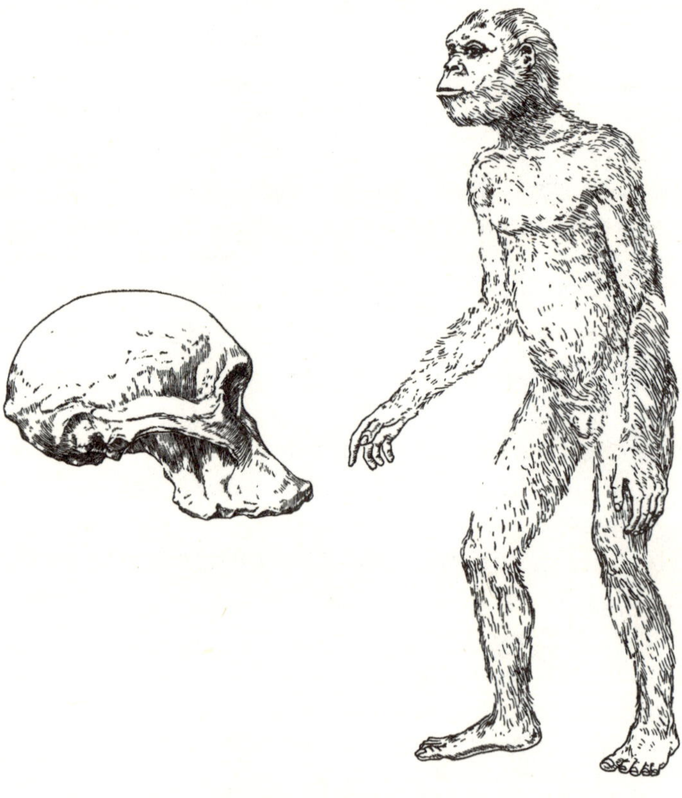

FIG. 25. — *Crâne (Sterkfontein, Afrique du Sud) et reconstitution d'*Australopithecus africanus.

parabolique puissante, harmonieuse, continue, apparemment faite pour venir à bout d'une alimentation végétarienne fibreuse, mais aussi pour s'offrir de petites proies occasionnelles.

*Australopithecus robustus* et *Australopithecus boisei,* les plus récents, les plus robustes, semblent représenter, dans une certaine mesure, la descendance et la spécialisation d'*Australopithecus africanus,* en Afrique du Sud en ce qui concerne le premier, en Afrique de l'Est pour ce qui est du second. Ces deux espèces, contemporaines mais séparées géographiquement, réalisent en effet, de manière parallèle et à partir d'un même matériel génétique, la même adaptation. *Australopithecus boisei* semble se reconnaître dès 2 200 000 ans en Afrique de l'Est et disparaître aux alentours du million d'années ; *Australopithecus robustus* apparaître vers 2 millions d'années en Afrique du Sud (mais les datations y sont moins précises) et s'éteindre entre 1 million et 1 million et demi d'années.

Ces espèces, plus grandes et plus lourdes qu'*Australopithecus africanus,* — on parle d' 1,50 m et de 50 kg — sont celles qui, au moment de l'important assèchement du climat de la fin du Pliocène, ont réussi cette extaordinaire adaptation à une alimentation coriace de racines, de bulbes et de tubercules, spécialisation qui leur a peut-être aussi coûté la vie. Leur crâne, sans front, est marqué d'une très forte constriction post-

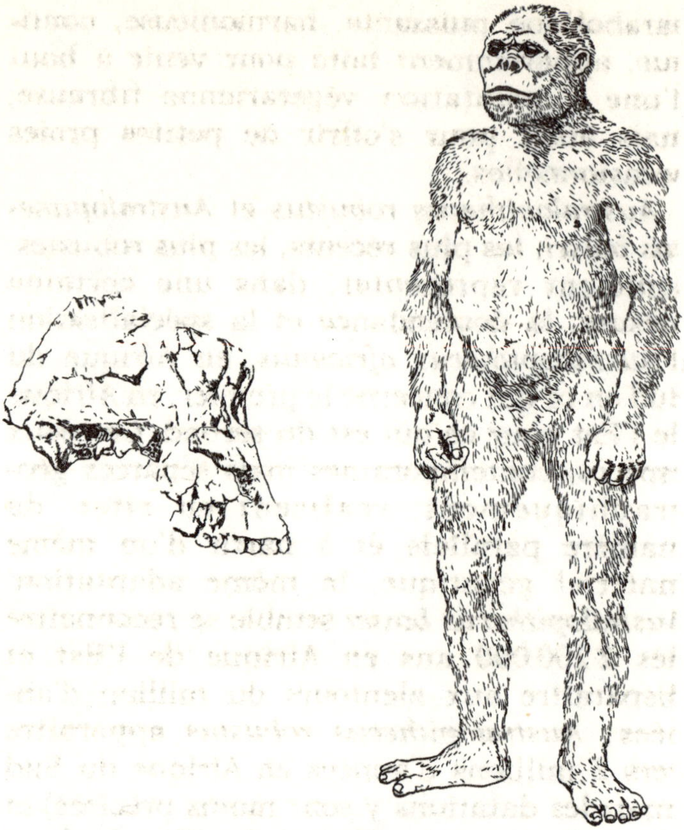

FIG. 26. — *Crâne (Olduvai, Tanzanie) et reconstitution d'*Australopithecus boisei.

orbitaire et parcouru, au moins chez le mâle, d'une crête sagittale, résultat de la coalescence de deux lames osseuses qui sont l'ancrage de la partie supérieure des muscles temporaux dont ils traduisent la puissance. Un bourrelet occipital transverse barre la partie postérieure du crâne tandis que la face, beaucoup moins projetée que chez *Aus-*

*tralopithecus africanus*, présente un fort bourrelet sus-orbitaire (appelé torus) et un grand développement de l'arcade zygomatique commandé par la force des muscles de la mastication. Les apophyses mastoïdes et ptérygoïdes sont extrêmement développées, le palais très profond, la mandibule incroyable-

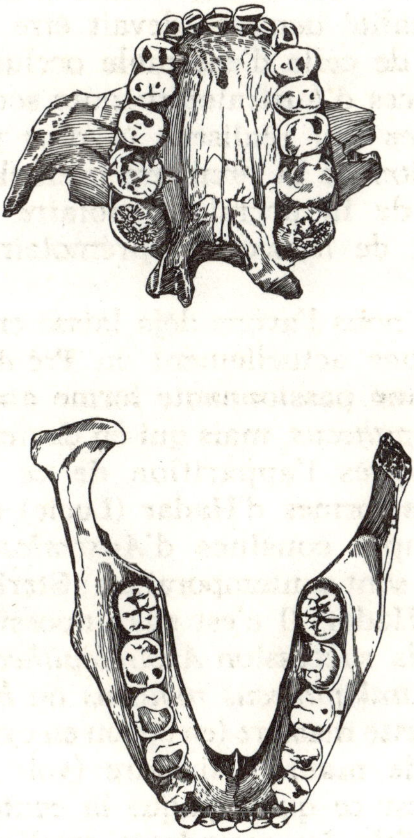

FIG. 27. — *Equipement masticateur d'*Australopithecus boisei *(mâchoire supérieure d'Olduvai, Tanzanie, mâchoire inférieure de Peninj, Tanzanie).*

ment robuste, la denture extraordinairement puissante, composée comme il a été dit précédemment : réduction extrême des dents antérieures constituant cependant, par leur alignement et leur implantation verticale, dans une face brève, une excellente cisaille, et développement incroyable des dents latérales formant quatre surfaces broyantes homogènes et continues, comme si la notion d'individualité dentaire devait être oubliée au profit de celle d'ensemble occlusal. Ces deux espèces d'Australopithèques sont d'ailleurs celles qui réalisent la plus parfaite molarisation de la première prémolaire inférieure, de la première molaire de lait inférieure, de la seconde prémolaire supérieure.

Comme nous l'avons déjà laissé entendre, nous voyons actuellement en Pré-*Australopithecus* une passionnante forme ancestrale d'*Australopithecus,* mais qui en devient aussi cousine après l'apparition de ce dernier genre. Les formes d'Hadar (Lucie) seraient par exemple cousines d'*Australopithecus* dont elles sont contemporaines ; Sterkfontein a l'âge d'Hadar. Il n'est pas impossible non plus que la succession *Australopithecus africanus-Australopithecus robustus* ou *boisei* se passe de cette manière (en épi ou en cyme) plutôt que de manière linéaire (voir graphique 6), c'est ce qui explique la contemporanéité possible des ascendants graciles et des descendants robustes aux limites de leur répartition temporelle. La méconnaissance de ce

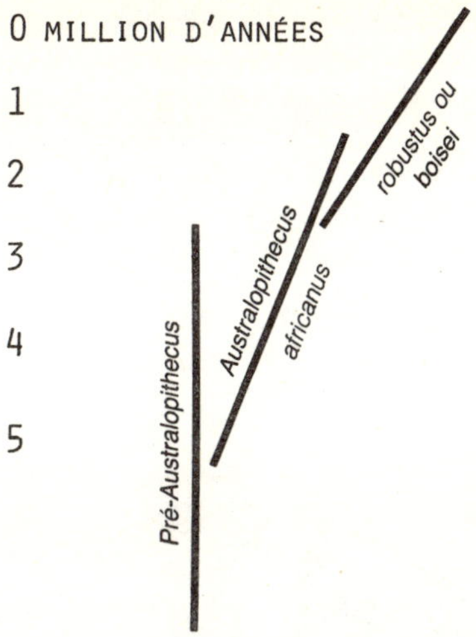


GRAPHIQUE 6. — *Phylogénie des Australopithèques.*

phénomène a conduit et conduit encore bien des paléontologistes à démonter des phylogénies pourtant bien construites et à nier finalement toute relation de parenté entre toutes les espèces du monde.

*
**

C'est en Afrique orientale, au Kenya et en Ethiopie d'abord, puis en Tanzanie et en Afrique du Sud qu'apparaissent des restes d'Hominidés fossiles de morphologie beaucoup plus moderne ; frappés par cette accumulation de traits nouveaux sur des pièces pourtant bien primitives encore par de nombreux aspects, Louis Leakey, Phillip Tobias et John Napier décidèrent en 1964 d'appeler cette forme *Homo habilis*. Malgré le scepticisme du monde scientifique dont les réactions sont toujours de prudence, à plus forte raison lorsqu'il s'agit de reculer dans le temps le genre que nous représentons et d'en élargir la diagnose pour y faire entrer une espèce nouvelle, *Homo habilis* s'est imposé. On a décrit, au fil des années et des découvertes, un nombre croissant de caractères plus proches de ceux que l'on connaissait chez les autres espèces du genre *Homo* que de ceux des Australopithèques, renforçant cette idée audacieuse de l'existence d'une très ancienne espèce d'Homme. Pour la majorité des auteurs, à la suite de nos travaux dans la vallée de l'Omo, cette ancienneté est située aux alentours de 2 200 000 ans ; nous sommes, en fait, allés plus loin depuis lors, à la suite de l'identification de certains ossements, et nous parlons d'*Homo habilis* dès 4 millions d'années (Kanapoi, Kenya) sans être encore suivis ce qui ferait entrevoir une descendance *Australopithecus-Homo* entre 4 et 5 000 000 d'années et, une nouvelle fois, une longue coexistence de l'un et de l'autre.

Quels sont donc ces caractères qui, soudain, permettent de prélever parmi les restes d'Australopithèques ces pièces fossiles révélatrices de notre existence ? Lorsque le crâne est conservé, c'est d'abord le développement de son volume endocrânien, de sa forme représentée par la morphologie de son « enveloppe » osseuse et de son irrigation

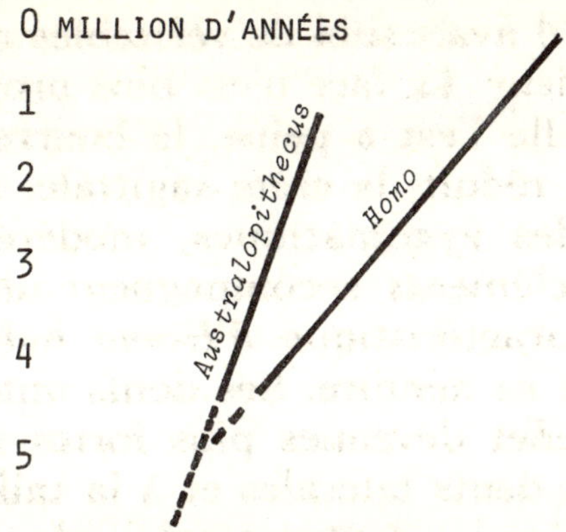


GRAPHIQUE 7. — *Descendance et cousinage d'*Australopithecus *et d'*Homo.

(duremérienne). Les plus vieux crânes d'*Homo habilis* que l'on connaisse ne sont malheureusement pas parmi les documents les plus anciens que l'on peut attribuer à cette espèce ; ils proviennent des gisements de l'Est-Turkana, au Kenya, et sont datés des environs de 2 millions d'années. L'un a 500 $cm^3$ de capacité endocrânienne, l'autre 770, ce qui donne à la fois une idée de l'étendue de la variation de cette capacité et une idée de l'importance du volume qu'elle peut atteindre ; les deux moulages qui en ont été tirés montrent un accroissement sensible de l'irrigation sanguine avec même quelques anastomoses dans les régions pariétales du crâne. Enfin, les deux crânes en question présentent, avec de simples différences de taille, le même développement spectaculaire du neurocrâne, notamment dans les régions du front, du sommet (vertex) et des côtés, comme s'il avait subi de véritables poussées de l'intérieur. La face n'est plus projetée du tout ou elle l'est à peine, le bourrelet sus-orbitaire, réduit, la crête sagittale, absente, les arcades zygomatiques, modérées ; ces derniers éléments accompagnent une autre grande caractéristique d'*Homo habilis :* la nature de sa denture. Ses dents antérieures sont en effet devenues plus fortes relativement aux dents latérales et à la taille de la mâchoire, et ses dents latérales, plus simples et plus réduites que celles des Australopithèques, l'ensemble constituant une arcade continue et harmonieuse ; l'émail, enfin, plus mince que celui des dents jugales des Australopithèques, porte pour la première fois des traces d'usure hélicoïdales. Cette transformation totale de la denture n'est évidemment pas gratuite, elle traduit par son agencement, la répartition de ses forces, ses stigmates d'usure, une alimentation devenue largement omnivore. Quant au squelette post-crânien, il révèle une station plus droite que celle des Australopithèques, confirmée par la position plus antérieure du *foramen magnum* (trou occipital), une marche bipède pratiquement semblable à celle de l'Homme moderne (fémur : tête forte et col court), l'abandon de l'usage des membres antérieurs dans la locomotion...

De 4 millions à 1 600 000 ans environ, on rencontre donc cette forme dans tous les grands gisements plio-pléistocènes est-africains ou presque, et dans quelques-unes des grottes sud-africaines, le plus souvent accompagnée d'*Australopithecus*. C'est d'ailleurs une notion intéressante à souligner que cette coexistence parfaitement sympatrique de ces deux types d'Hominidés, de ces deux cousins. Il a fallu que leur genre de vie, leur régime alimentaire, leur habitat soient bien distincts pour qu'ils puissent se supporter ainsi pendant tant de temps. Cette coexistence avait évidemment trouvé son équilibre. Ils ne devaient se gêner d'aucune façon et les images d'une certaine littérature figurant *Homo habilis* attaquant *Australopithecus boisei* ou se défendant de lui, on ne sait trop, sont pure fantaisie. Le gros *Australopithecus boisei* était un paisible végétarien dont la taille dissuadait sûrement beaucoup d'agresseurs ; quant à *Homo habilis,* son large régime l'entraînait bien sûr à chasser, mais l'essentiel du gibier auquel il osait se mesurer était de petite taille ; il allait cependant quelquefois jusqu'à s'attaquer à plus gros que lui ; il est d'ailleurs le premier primate à

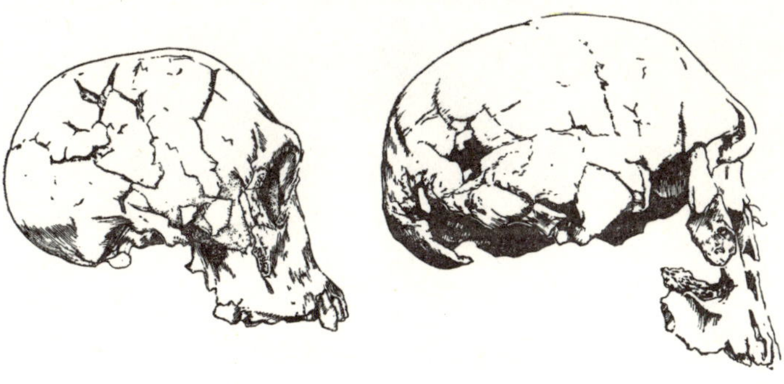

FIG. 28. — *Crânes (Est Turkama, Kenya) d'*Homo habilis

avoir eu cette audace ; mais les quartiers de viande de belle taille (Eléphant, Hippopotame, *Dinotherium, Pelorovis*) que l'on retrouve sur les sols où il vécut représentaient plutôt, pour la plupart, le résultat d'une activité de charognard.

Comme, à partir de 2 millions et demi d'années environ, cet Hominidé taillait de manière systématique la pierre ou l'os, les aires sur lesquelles il s'installa devinrent repérables. Et la récolte de tout ce qui se

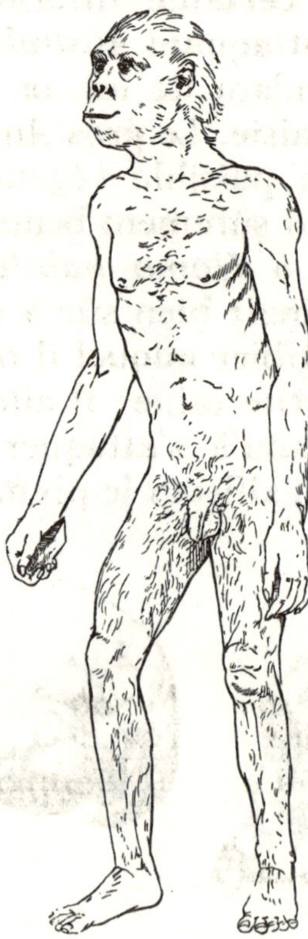

FIG. 29. — *Reconstitution d'*Homo habilis.

trouve sur ces sols apporte de multiples informations sur la technologie de ces Hommes, sur l'éventail des outils de leurs trousses, sur leurs menus quotidiens et, dans une certaine mesure, sur leur genre de vie. Les outils représentent ce que l'on appelle l'Oldowayen, parce que la première bonne description de cet outillage a été donnée d'après les récoltes faites dans le gisement d'Olduvai (ou Oldoway) en Tanzanie ; mais on appelle aussi cet outillage Pebble Culture ou Culture des galets aménagés, parce qu'il est effectivement constitué pour une très grande proportion de galets taillés. Ce sont des galets présentant un tranchant obtenu par un ou des enlèvements d'un seul côté ou de deux, auxquels la nomenclature donne de très jolis noms techniques ; Jean Chavaillon, par exemple, les appelle choppers latéraux, distaux, ciseaux, doubles, à troncature, à pointe, récurrents, périphériques, passifs ou sommaires. Les galets qui ont subi des enlèvements sur plus de deux côtés prennent des formes de polyèdres qui se nomment à tranchant privilégié, à plusieurs tranchants, à pointe, prismatiques ou sphériques. D'autres outils sur galets s'ajoutent souvent à ces choppers et polyèdres : ce sont les rabots, les grattoirs épais, les becs à encoche, les denticulés. Mais il ne faut pas s'imaginer que la culture dite des galets aménagés ne comporte que des « galets » ; les éclats résultant des enlèvements que l'on vient d'évoquer ou d'enlèvements spécialement réalisés à partir de nucleus sont parfois abandonnés ou utilisés tels quels, mais ils peuvent aussi être retouchés à leur tour ; et ces nouveaux enlèvements conduisent à la fabrication de racloirs, grattoirs, pièces à encoches, denticulés, etc... Les nucleus et le matériel de percussion, percuteurs actifs et enclumes, font aussi partie, bien sûr, de l'inventaire de l'outillage de ce premier atelier.

Les plus anciens sites livrant ces assemblages sont ceux d'Hadar, en Ethiopie, et de l'Est-Turkana, au Kenya, datés respective-

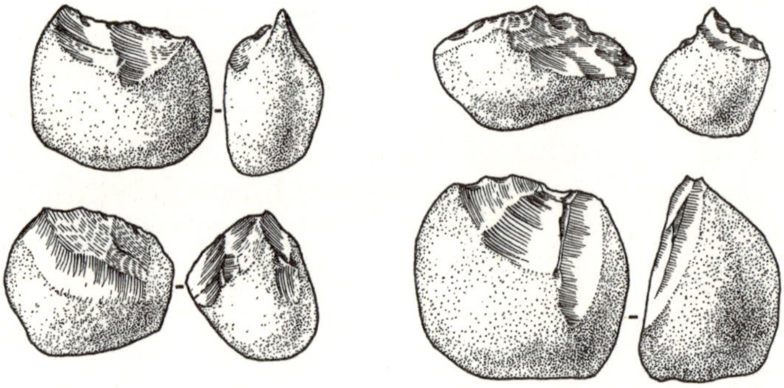

FIG. 30. — *Galets aménagés (Oldowayen d'Olduvai, Tanzanie).*

ment de plus de 2 millions et demi et de 2 millions d'années ; les plus riches et les mieux étudiés, ceux d'Olduvai en Tanzanie et de Melka Kunturé en Ethiopie, âgés tous deux de 1 600 000 à 1 800 000 ans. Il est intéressant d'observer la vitesse avec laquelle va se développer cet épiphénomène que représente l'utilisation d'intermédiaires entre la main et l'objet à traiter ; on a l'impression que cette découverte d'abord banale et reprise de manière occasionnelle, qui ne fait après tout que copier ce que font beaucoup d'autres animaux, est devenue rapidement indispensable parce que, réfléchie, elle était désormais porteuse d'un projet. On est passé rapidement de l'outil tout court à l'outil à faire des outils (il faut un percuteur pour aménager un galet) et, bientôt, à l'intercalation d'un intermédiaire supplémentaire entre le percuteur et l'objet à percuter, etc. Pour la première fois dans l'histoire de la vie, un élément qui n'est pas biologique entre peu à peu dans la définition d'un être vivant. Je dis bien « peu à peu », car l'Homme ne peut à proprement parler être défini par l'outil, les premiers d'entre eux (de 4 millions d'années) n'ayant probablement pas commencé à retoucher le moindre objet et les Australopithèques (dès 3 millions d'années) s'y étant au contraire essayés. L'Homme n'en demeure pas moins, à partir d'un certain stade, le seul Primate que caractérise son association avec un outillage permanent et abondant qu'il a délibérément aménagé pour son propre usage. Cet équipement artificiel, dès lors, ne cessera plus de croître.

On retrouve ces pierres taillées éparpillées dans les dépôts sédimentaires, mais on les retrouve aussi parfois concentrées sur d'anciennes surfaces que ces premiers hommes ont occupées plusieurs jours ou plusieurs mois. Les unes sont des aires de dépeçage ; des *Homo habilis*, en quête de gibier, ont découvert un Eléphant ou un Hippopotame blessé ou fraîchement mort et ils l'ont découpé sur place ; citons, comme exemple, le squelette d'*Elephas recki* mis au jour à Olduvai (bed 1, localité FLKN, niveau 6), associé à 123 pierres taillées (et, parmi elles, un très grand pourcentage d'éclats, pièces coupantes par excellence). D'autres sont probablement des aires de débitage ; des *Homo habilis* y ont rapporté un certain nombre de galets en matériau qu'ils estimaient de bonne qualité pour être taillé : basalte, trachyte, obsidienne, quartz, et ils s'y sont installés pour travailler ; citons comme exemple le secteur S.W. de la localité Gomboré 1B de Melka Kunturé, qui a livré de gros nucleus, des galets percutés et d'innombrables éclats parmi lesquels de multiples esquilles inutilisables et que l'on peut considérer comme des déchets de taille. D'autres aires encore ressemblent plutôt à de véritables habitats ; des *Homo habilis,* souhaitant se fixer quelques mois dans une région particulièrement giboyeuse ou spécialement riche en arbres fruitiers, s'installent dans un site agréable, pas trop éloigné de l'eau ; à l'Est-Turkana, par exemple (site FxJj 1), ils étaient établis dans le lit provisoirement sec d'un cours d'eau bordé de grands figuiers, très près du lac ; à Olduvai (site DK1A), ils avaient construit un abri ; de petits tas de cailloux (basalte) d'une trentaine de centimètres de hauteur, distants de 60 à 75 cm et interprétés comme des calages de poteaux ou d'arceaux, délimitaient une aire circulaire d'environ 4 m de diamètre (4,25 m E.W., 3,65 m N.S.). A Melka Kunturé (Gomboré 1), c'est sur une sorte de plate-forme ovale de 6 m sur 3 m, en partie aménagée, qu'a été construit un abri du même ordre que celui d'Olduvai, comme lui révélé par de petits tas de pierres de calage. Dans ces habitats, les outils de pierre taillée évidemment abondent, notamment les pièces de grande taille que l'on ne trouve ni dans les ateliers ni dans les boucheries, couvrant sans discernement apparent l'ensemble du sol, sauf les aires d'abris à chaque fois totalement dépourvues d'objets.

Les ossements ou les coquilles des espèces animales consommées qui, avec l'outillage, jonchent les sols d'habitats, apportent en outre de précieuses informations sur au moins une partie de l'alimentation d'*Homo habilis* et quelques aspects de son genre de vie. Le menu est extrêmement varié et cet ancêtre donne l'impression d'être tout à fait opportuniste dans sa quête de gibier. A l'Est-Turkana, par exemple, les débris de cuisines d'un gisement daté d'1 800 000 ans (site FxJj 1) consistaient en des restes de poissons (Polyptères, Silures), de crocodiliens (*Euthecodon*, Crocodile), de porc-épic (*Hystrix*), d'antilopes (*Antidorcas, Kobus, Aepyceros, Damaliscus*, Cephalophes, *Antilopini, Alcelaphini, Reduncini*), de girafes (*Giraffa*), de cochons (*Kalpochoerus, Metridiochoerus*) et d'hippopotame. A Olduvai, les Bovidés (gazelles, antilopes) représentent aussi et de loin les restes les plus abondants (de 10 à 70 % de l'ensemble des ossements suivant les localités), suivis des Suidés (1 à 20 %), des Equidés (1 à 13 %), de certains carnivores (jusqu'à 20 %), des Giraffidés (jusqu'à 15 %), de Crocodiles et de Tortues dans certains gisements, et d'un très grand nombre de petites proies présentes partout : oiseaux, rongeurs, chauve-souris, musaraignes, lièvres, poissons, serpents, lézards, caméléons, grenouilles... S'ajoutent à ces Vertébrés, un choix de coquilles d'escargots ou de mollusques d'eau douce. Trois crânes d'Antilopes fracturés au même endroit, au-dessus des orbites, et découverts à Olduvai (FLKN), démontrent, s'il en était besoin, l'existence de la chasse active et même de techniques de jet à côté de l'inévitable récolte de viande morte et de la capture à la course ou à l'affût des petits Vertébrés.

La silhouette de notre aïeul se dessine ainsi peu à peu; encore petit, 1,30 m — 1,40 m pour une quarantaine de kilos, le visage presque plat, la tête de taille réduite, on cherche à l'imaginer au cœur de vastes prairies ou sous le modeste couvert de savanes à épineux, coursant le petit gibier ou découpant une charogne abandonnée, le regard aux aguets, faisant signe à ses compagnons d'excursion ou leur adressant de courts enchaînements de sonorités articulées. On l'imagine rapportant au camp, planté de quelques huttes de feuilles et de peaux, d'imposants quartiers de viande chassée ou ramassée, pour les partager avec les quelques familles du groupe. C'est une image de chasseur-cueilleur étrangement moderne qui apparaît ainsi, au travers des données, rares mais précises, recueillies depuis vingt ans dans ces grands gisements de l'Afrique orientale. Si ce n'était la petite taille de leur crâne et, à un degré moindre, leur gracilité générale, on ne s'apercevrait guère du grand âge de ces tout premiers Hommes.

*
**

Voici bien des pages que l'on ne quitte plus l'Afrique... L'Afrique — plus précisément, l'Afrique orientale d'abord, puis l'Afrique orientale et l'Afrique méridionale — représente en effet, pour le moment, la seule région du monde à avoir offert à la Paléontologie des Hominidés incontestables de 2, 3, 4, 5, 6, peut-être 10 millions d'années. L'extraordinaire volume de sédiments retenu entre les lèvres de la grande cassure est-africaine a évidemment facilité la conservation des fossiles et en vingt années, Louis Leakey, Camille Arambourg, Marie Leakey, Richard Leakey, Francis Clark Howell, Jean Chavaillon, Maurice Taieb, Donald Johanson moi-même et nos équipes avons extrait de ces archives quelque 200 000 restes de Vertébrés et, parmi eux, 2 000 restes d'Hominidés.

Mais, au-delà de cette exceptionnelle circonstance, il apparaît de plus en plus clairement que l'ancêtre de l'Homme est bien l'Australopithèque et que l'Australopithèque est bel et bien africain. La dernière dizaine de millions d'années de notre histoire semble donc bien s'être déroulée au creux de cette Afrique parfumée, — ce dernier épisode, qui a vu, à partir d'un ancêtre commun, Panidés et Hominidés se « construire » peu à peu (on dit « dériver », terminologie qui m'a toujours paru « manquer de contrôle »).

Nous avons presque la démonstration de l'évolution des Hominidés entre la vallée du Rift et l'Océan Indien. Nous avons d'autre part toutes les données anatomiques, biochimiques, cytogénétiques, éthologiques... qu'il faut pour démontrer notre cousinage avec les Panidés. Mais nous ne savons curieusement rien de l'histoire des derniers millions d'années de ces Gorilles et Chimpanzés, si ce n'est qu'elle a dû se dérouler en Afrique, puisqu'ils y sont encore, et en milieu boisé, puisqu'ils en présentent aujourd'hui la parfaite adaptation — mélange de brachiation et de déplacement quadrupède en appui sur la partie dorsale des articulations des phalanges des mains.

Rappelons que ces cousins Panidés sont deux : le Gorille, qui peut atteindre 2 m de haut et 250 kg, et le Chimpanzé qui ne dépasse pas 1,70 m et 75 kg ; tous deux sociaux, frugivores et folivores, mais consommateurs aussi parfois d'œufs et de petites proies (Vertébrés ou Arthropodes), ils sont de loin les plus intelligents des Primates — notre famille mise à part... —, susceptibles de faire preuve d'étonnantes qualités d'imitation, de mémorisation et d'association (le Chimpanzé a une capacité endocrânienne de 370 à 380 $cm^3$, le Gorille, de 450 à 510 $cm^3$ avec un extraordinaire record de 752 $cm^3$ !)

Quand on étudie par ailleurs le milieu qu'ont connu les Hominidés successifs de l'est de l'Afrique, ce que nous fîmes avec beaucoup de soin pendant vingt ans, on s'aperçoit que ce milieu n'a pas été stable et que le sens général de son évolution est allé sans cesse de l'humide au moins humide. Cette transformation ne s'est d'ailleurs pas faite de façon continue, elle a subi des fluctuations, marqué des paliers, accusé de brusques dégradations ; la savane boisée du sud de l'Ethiopie, par exemple, s'éclaircit de manière sensible vers 3 millions d'années et de manière tout à fait impressionnante vers 2 200 000 ans, au point de ressembler alors à une véritable steppe. Dans cet exemple précis, documenté par l'étude de la faune (macrofaune et microfaune), de la flore (pollens et bois) et du sédiment, on constate une évidente corrélation entre l'assèchement, l'apparition d'*Australopithecus boisei* et le développement d'*Homo habilis* (et non sa naissance, comme nous l'avions cru tout d'abord) : tout a l'air de se passer comme si le changement climatique, entraînant un changement du paysage, jouait un rôle, peut-être le rôle essentiel, dans la sélection de ces deux Hominidés en un milieu découvert évidemment dangereux, où ils étaient très vulnérables, *Australopithecus boisei* protégé par sa taille, *Homo habilis* aidé par le développement de son système nerveux central, *Australopithecus boisei* adapté à un régime alimentaire végétarien fibreux et coriace, *Homo habilis* à un régime omnivore opportuniste.

On peut se demander, en étendant ce raisonnement dans le temps et dans l'espace, si ce n'est pas ce même processus de transformation du climat qui aurait provoqué, au sein de la population de nos ancêtres, la séparation entre nos cousins et nous-mêmes, dès le Miocène supérieur. La forêt s'étendait alors de l'Atlantique à l'Océan Indien ; la Rift Valley, en s'effondrant, aurait perturbé, par le relèvement de ses bords, le régime des précipitations ; l'Ouest serait resté couvert, tandis que l'Est aurait vu sa forêt se réduire et son paysage se découvrir. Les « Occidentaux » de notre famille seraient ainsi demeurés dans un environnement humide et boisé, en maintenant ou améliorant cette parfaite adaptation à la vie à la fois à terre et dans les arbres. La conjuration de la grande cassure et du changement climatique progressif aurait peu à peu contraint les « Orientaux » à s'adapter à un environnement de plus en plus sec et déboisé. Gorilles et Chimpanzés pourraient représenter les descendants de ceux de nos ancêtres qui se seraient trouvés maintenus dans un paysage couvert ; Austra-

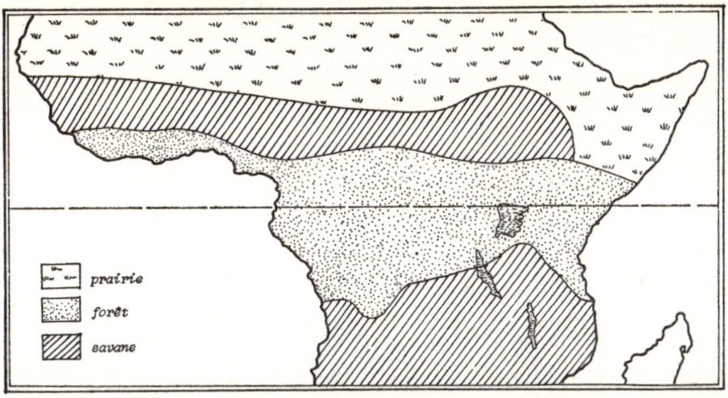


CARTE 5. Carte de l'Afrique intertropicale au Miocène supérieur.

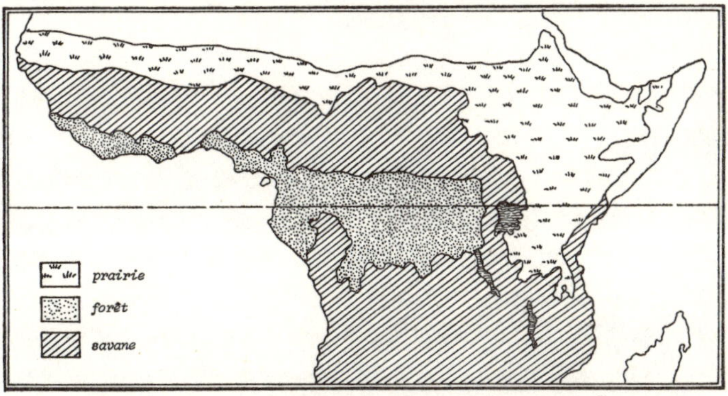


CARTE 6. Carte de l'Afrique intertropicale aujourd'hui pour montrer le retrait de la forêt de l'autre côté de la Rift Valley.

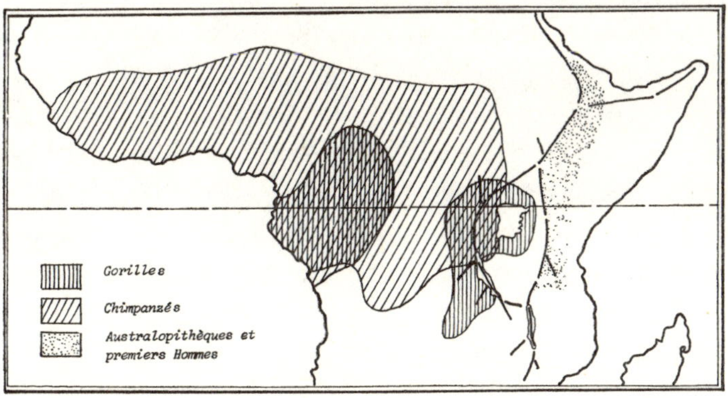


CARTE 7. Répartition des Panidés (gorilles et chimpanzés) et des Hominidés (Australopithèques et premiers hommes).

lopithèques et Hommes, les descendants de ceux de nos ancêtres qui, isolés par un accident tectonique devenu peu à peu une barrière écologique, se sont trouvés confrontés à un climat qui se dégradait sans cesse, et ont dû s'adapter à un paysage ouvert. Un noyau de forêts et de savane boisée lové au creux du Golfe de Guinée représente aujourd'hui, à l'ouest de la Rift, le domaine des uns ; les auréoles de plus en plus découvertes sur lesquelles s'est greffé le régime saisonnier des moussons représente, à l'est de la Rift, le berceau des autres.

Ce n'est là, bien sûr, qu'un simple scénario parmi d'autres. Il a le mérite d'expliquer l'incroyable absence du moindre fragment d'os fossile attribuable à un pré-chimpanzé ou à un pré-gorille parmi les centaines de milliers d'ossements représentant des centaines d'espèces de Vertébrés découvertes à l'est de la Rift Valley. Si ce modèle était retenu, il ferait aussi regarder un certain nombre de caractères retrouvés chez Pré-*Australopithecus* ou *Australopithecus* — et que bien des auteurs ont considéré et considèrent encore comme des caractères de Panidés — comme de simples souvenirs de nos ancêtres communs (on dit « caractères plésiomorphes »), plus arboricoles que nous : modelé du membre supérieur, mobilité des articulations du membre inférieur, configuration du pied, etc.

C'est l'« écume de la Terre » qui aurait rendu « l'Homme neuronal », cet Homme qui est apparu parce que la Terre s'est cassée, parce que le climat s'est asséché.

Ce qui ne fait pas de doute, en tout cas, c'est le rapport entre le développement d'*Homo* et l'aridification des années 2 200 000. Au moment où survient cet événement paléoclimatique maintenant bien connu, on voit les Proboscidiens, les Suidés, etc. réagir en adaptant leur régime à une alimentation végétale plus dure (l'herbe use plus que la feuille) : les premiers augmentent la hauteur de leurs molaires et en multiplient les lames d'émail, les seconds en multiplient les cuspides, etc. On voit apparaître le cheval, meilleur coursier que l'hipparion ; on voit les Antilopes Alcélaphes de prairies remplacer les Antilopes Tragélaphes de savanes, les rongeurs fouisseurs remplacer les rongeurs arboricoles, etc. Et l'on voit *Homo habilis* s'épanouir tout à coup.

Si je m'attarde sur ces périodes, sur cette phase est-africaine de notre histoire, c'est évidemment parce qu'elle est fondamentale. Dans nos traits contemporains, nous collectionnons beaucoup de souvenirs de toutes les époques ; nous avons rencontré, au fil de ces pages, des caractères comme l'accroissement de la taille, la complication du système nerveux central, le développement de la vision stéréoscopique qui se sont inscrits au cours des millions d'années de l'évolution des Primates dont nous faisons partie. Mais un certain nombre de nos caractères, et pas des moindres, sont nouveaux, et ils semblent constituer l'héritage est-africain de l'Humanité : il s'agit de la conscience réfléchie, de la vie sociale, de l'émotion, du langage, et ceci sans doute parce que le milieu difficile où l'Homme se trouve exposé l'oblige à un comportement particulièrement attentif ; la société se resserre, la mère et l'enfant restent liés plus longtemps, la chasse s'organise en groupe, la nourriture est partagée, tout est mis « naturellement » en œuvre pour vivre, protéger la progéniture, préserver l'espèce.

On entre évidemment ici dans des déductions très spéculatives ; mais, après tout, puisque ces caractères sont aujourd'hui ceux de l'Homme, ils ont bien dû apparaître à un certain moment pour certaines raisons. Le développement d'un outillage élaboré qui présente un certain nombre de types de pièces dont les formes ont donc été essayées, retenues, reproduites, parce qu'elles répondaient à certaines utilisations précises, semble bien évoquer une réflexion. L'enseignement de cette expérience, de même que l'organisation de la société et de ses multiples activités collectives, paraissent bien, par ailleurs, nécessiter un langage. L'endocrâne d'*Homo habilis* nous montre bien un accroissement de la capacité de l'encéphale, un développement préférentiel des régions pariétale et temporale (où se situent, actuellement, l'information sensorielle et la mémoire), et un développement corrélatif de l'irrigation de la dure-mère de ces mêmes régions, ainsi, semble-t-il, que l'émergence de l'aire de Broca que l'on sait liée au langage. L'anatomie de la base du crâne, dont le rôle dans la parole est essentiel, change quand on passe d'*Australopithecus* à *Homo*, de même que se transforme la face interne de la mandibule, plan alvéolaire et apophyses *geni*, contre laquelle frappe la langue. Mais la réflexion et le langage ne se sont pas fossilisés ; aucune démonstration scientifique n'est pour le moment suffisante à rendre définitive cette déclaration. L'aire de Broca avait-elle d'ailleurs chez *Homo habilis* la même fonction que celle qu'elle a aujourd'hui ? et cet accroissement évident d'activité des zones latérales du cerveau était-il suffisant pour que naisse la conscience réfléchie ? et même si, mécaniquement, la machine à parler était prête, l'*Homo habilis* s'en est-il réellement servi ?

Disons, pour information, que la plupart des auteurs parlent de langage de manière plus confortable, à propos de la forme humaine suivante, l'*Homo erectus* (1 500 000 ans) et que certains d'entre eux souhaitent même n'en parler qu'à partir d'*Homo sapiens*. Une longue fréquentation d'*Homo habilis* me fait penser cependant que c'est bien à lui que l'on doit de s'être posé la question de savoir qui nous étions, d'où nous venions et où nous allions. Son triomphe soudain dans les conditions d'existence que l'on a vues, mangeant « ingénieusement » de tout, construisant des huttes et aménageant l'outil tout en en diversifiant les formes parce qu'il diversifiait ses activités, me paraît si brillant, si extraordinaire et si nouveau que je choisirais volontiers cette espèce, cette époque et cette région du monde pour situer l'apparition de la réflexion et celle du langage.

On pourrait dire de manière schématique que ce premier homme nous apparaît comme un Primate supérieur des savanes sèches, bipède, omnivore opportuniste, artisan et social, malin et prudent, conscient et bavard. L'Homme, dans toutes ses caractéristiques fonctionnelles et comportementales, est là.

***

Lorsque l'on passe la barre des 2 millions d'années en montant vers nous (diraient les géologues qui ont l'habitude de lire les empilements de couches), ou en descendant vers nous (diraient les historiens pour qui une basse époque est plus récente qu'une haute), ce sont tout à coup les trois continents de l'Ancien Monde qui répondent aux paléoanthropologues. L'Afrique de l'Est et l'Afrique du Sud, fidèles fournisseurs, continuent de livrer Hominidés et outillages ; l'Afrique saharienne et septentrionale y ajoute de très beaux gisements d'oldowayen sans artisans, puis plein de bifaces et quelques hommes ; la Chine et l'Indonésie commencent à se manifester en offrant : la première, quelques dents très anciennes suivies d'une collection fameuse de crânes

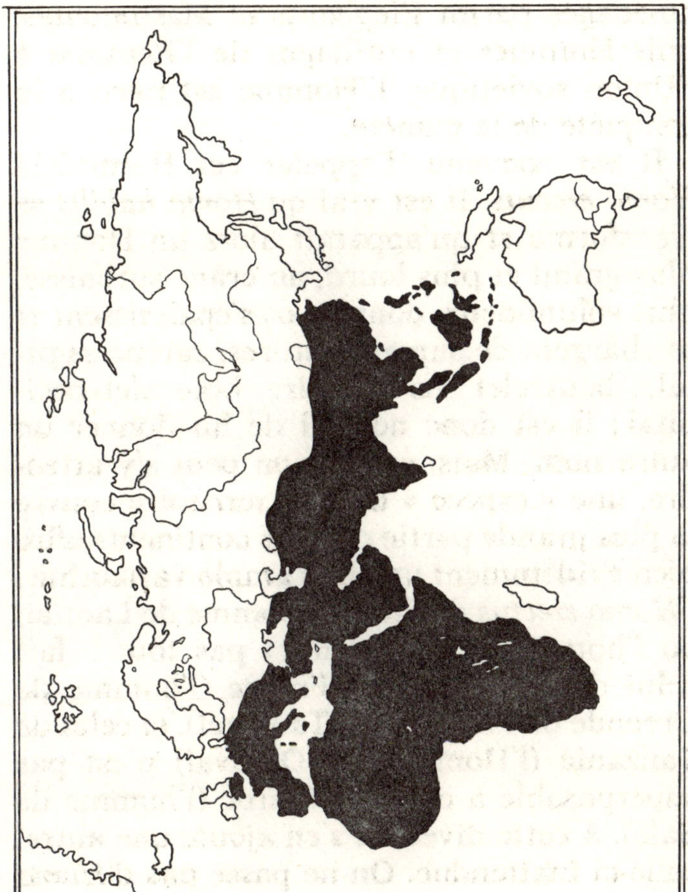

CARTE 8. — *La conquête de l'ancien monde par l'Homo erectus.*

humains, la seconde, d'étranges calottes crâniennes d'une épaisseur parfois incroyable ; l'Europe, enfin, propose, au cœur du Massif central français, une demi-douzaine de galets aménagés parmi Eléphants et Mastodontes, puis Hommes et outillages de l'Espagne à l'Union soviétique. L'Homme est parti à la conquête de la planète.

Il est convenu d'appeler cet Homme-là *Homo erectus*. Il est vrai qu'*Homo habilis* se transforme et qu'apparaît alors un Homme plus grand et plus lourd, au crâne surbaissé, plus volumineux, dont les os s'épaississent et se chargent de superstructures, carène sagittale, bourrelet sus-orbitaire, bourrelet occipital ; il est donc normal de lui donner un autre nom. Mais, comme on peut s'y attendre, une « espèce » dont le territoire couvre la plus grande partie de trois continents offre bien évidemment une très ample variabilité ; l'*Homo erectus* de Chine (l'homme de Lantian ou l'homme de Pékin) n'est pas tout à fait celui d'Espagne ou de France (l'homme de Grenade ou l'homme de Tautavel), et celui de Tanzanie (l'Homme 9 d'Olduvai) n'est pas superposable à celui du Maroc (l'homme de Salé). A cette diversité s'en ajoute une autre, celle-ci inattendue. On ne passe pas d'*Homo habilis* à *Homo erectus* de façon nette, comme on passe par exemple d'*Australopithecus africanus* à *Australopithecus boisei*, mais par de multiples intermédiaires dont les traits se transforment à des vitesses différentes (on dit « en mosaïque », bien qu'on n'ait jamais vu les éléments d'une mosaïque se transformer !). Il semble bien que le genre *Homo* nous donne ainsi un exemple d'évolution continue. Comme il s'agit d'un type de transformation graduelle auquel nous n'étions pas habitués, et comme la caractéristique singulière et essentielle de l'Homme est son développement culturel, il est logique de penser que c'est celui-ci qui intervient désormais dans l'évolution biologique. Ce que nous appelons *habilis, erectus* et *sapiens* ne sont probablement pas de véritables espèces, mais des stades morphologiques, des grades d'une seule superespèce panmixique bien étrange, qui va donner à ses inventions techniques et culturelles ce développement extravagant que l'on connaît. Ceci explique peut-être les discussions sans issue sur la détermination des hommes fossiles européens que Marie-Antoinette de Lumley a habilement appelés Anténéandertaliens, les faux débats sur la nature *habilis* ou *erectus* du crâne « 1470 » des gisements de l'Est du lac Turkana, dont on a déjà parlé, sur la nature *erectus* ou *sapiens* du crâne de l'homme de Salé, et tant d'autres. Philip Tobias, gêné comme nous le sommes depuis des années par cette incapacité de trancher parfois entre une espèce et une autre, avait proposé d'utiliser des fractions ; ce qui ferait *Homo* $\frac{\textit{habilis}}{\textit{erectus}}$ pour le crâne « 1470 », par exemple, et *Homo* $\frac{\textit{erectus}}{\textit{sapiens}}$ pour celui de Salé ; mais son message n'a pas été plus entendu que ne l'ont été les nôtres ni que ne le sera celui-ci. Nous avons pris soin, en introduction, de faire remarquer ce qu'était l'obsession classificatoire des paléontologistes ; il faudrait beaucoup plus qu'une remarque de cet ordre pour faire cesser les débats.

Les plus anciens restes est-africains attribués à ce stade morphologique que l'on appelle *erectus* sont sans doute ceux de l'Est Turkana ; ils sont datés de 1 600 000 ans. Or les plus anciens restes d'Hominidés découverts en Chine : les quatre dents du comté de Chienshih ou les deux dents de Yuanmou, auraient respectivement deux millions d'années et 1 700 000 ans, la mandibule dite « C » de Sangiran à Java, 1 800 000 ans, et les galets taillés de Chilhac, 1 900 000 ans. Comme la très grande ancienneté des racines africaines ne peut être mise en cause, pas plus que l'unicité de notre berceau, ces derniers chiffres semblent vouloir dire que c'est sous une forme *habilis*, ou pour le moins de transition *habilis-erectus*, que l'homme s'est lancé dans l'exploration d'autres provinces que celle qui l'a vu naître. Comme ce qui le différencie de ses antécédents Australopithèques très sédentaires, c'est son régime alimentaire omnivore et son comportement de chasseur, il n'est pas impossible que ce soit la quête de gibier qui, de proche en proche, l'ait entraîné à se déplacer. Et ceci lui a donné peu à peu une incroyable « bougeotte » qui ne l'a jamais plus quitté... Rappelons en effet qu'aujourd'hui, lorsqu'un groupe de chasseurs atteint un certain développement, il éclate en plusieurs sous-groupes qui partent à la recherche de nouveaux territoires de chasse. Et n'oublions pas qu'à raison de 50 à 100 km par génération, il ne faut pas plus de 15 000 ans pour aller d'Afrique orientale en Extrême-Orient.

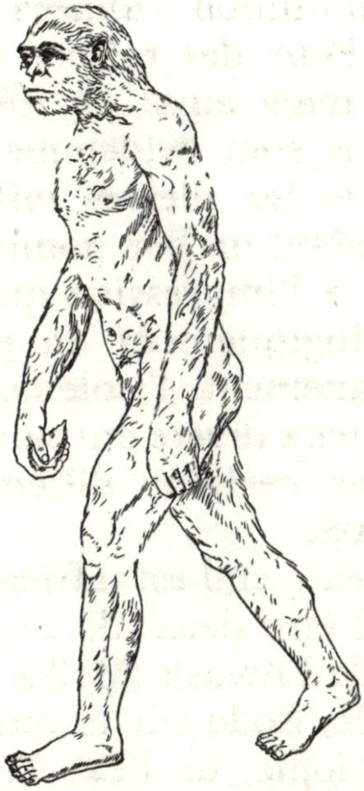

FIG. 31. — *Reconstitution d'*Homo erectus.

On a retrouvé des outillages de ces époques à travers toute l'Afrique et toute l'Eurasie, en dehors peut-être des zones de forêts, des régions de très grande altitude et à l'exception, bien sûr, d'une généreuse portion septentrionale de l'Eurasie qui fut à plusieurs reprises totalement recouverte de glace (la glaciation de Mindel, par exemple, vieille de 4 à 700 000 ans, a recouvert 32 250 000 km$^2$, ce fut la plus importante). Le peuplement de ces hommes a donc été extraordinairement envahissant malgré le nombre restreint d'individus que représentait cette Humanité ; on parle d'un million d'habitants en l'an 1 500 000, et de guère plus de dix millions d'individus un million d'années plus tard, en l'an 500 000. Pour des raisons évidentes de conservation mais aussi de fréquences, les restes humains sont évidemment beaucoup plus rares que les pierres taillées ; on en connaît cependant un bon nombre à force de fouilles et on a l'impression qu'ils s'organisent morphologiquement en grandes provinces ; l'éloignement, l'isolement, l'adaptation à des milieux divers ont sans doute été à l'origine d'une certaine différenciation de types régionaux.

Notre berceau sud-est africain constitue l'une (ou peut-être deux) de ces régions ; les grands sites de l'Awash (Melka Kunturé sur la haute vallée, Bodo sur la moyenne) et de l'Omo en Ethiopie, de l'Est Turkana et de Kapthurin au Kenya, d'Olduvai et de Laetoli en Tanzanie, de même que la grotte de Swartkrans en Afrique du Sud ou le site de Broken Hill en Zambie, ont livré des restes d'Hominidés attribués à *Homo erectus* ou à des formes affines de transition en amont ou en aval.

En Asie, l'Extrême-Orient a été la région la plus fructueuse ; les sites chinois s'échelonnent depuis deux millions d'années, comme on l'a vu, jusqu'à 200 000 ans et moins (le dernier des nombreux habitats du Sinanthrope de la Grotte de Chou Kou-tien, appelée désormais Zhoukoudian, près de Pékin, a 230 000 ans ; le site de Dali, 200 000 ans) ; et les découvertes indonésiennes se rangent tout au long d'une séquence qui va de 1 800 000 à 100 000 ans.

L'Europe, dont les plus vieilles pierres taillées frôlent les deux millions d'années, vient de retrouver à Orce, près de Grenade, un habitant de 1 200 000 ans, le doyen actuel pour ce continent ; mais de célèbres restes fossiles viennent d'autres sites espagnols (Bañolas, Atapuerca, Cova negra), de France (Tautavel, Montmaurin, Biache Saint-Vaast, Vergranne, La Chaise, Fontéchevade, Le Lazaret, Orgnac), d'Allemagne (Mauer, Bilzinsgleben, Ehringsdorf, Steinheim), de Hongrie (Vertesszöllös), d'URSS (Azych), de Grèce (Petralona), d'Angleterre (Pontnewydd, dans le nord du pays de Galles, le site le plus septentrional d'Europe), d'Italie (Saccopastore, Castel di Guido, Grotte du Prince), etc.

D'*Homo* $\frac{\textit{habilis}}{\textit{erectus}}$ à *Homo* $\frac{\textit{erectus}}{\textit{sapiens}}$ nous voici donc en présence d'une humanité que l'on pourrait appeler intermédiaire, puisqu'elle se place entre le premier homme et nous, offrant plus d'un million et demi d'années d'histoire biologique et culturelle complexe, à travers des millions de kilomètres carrés et des climats très variés, y compris, pour la première fois, des climats tempérés et des climats froids ; connaissant un peu ce que fut *Homo habilis*, et sachant ce que nous sommes, nous imaginons d'avance ce à quoi nous allons assister : nous verrons l'encéphale de capacité modeste (700 $cm^3$) atteindre les limites inférieures de la variation moderne (1 250 $cm^3$), le crâne à superstructures et parois épaisses se muer peu à peu en un crâne allégé aux parois amincies, l'arrière-crâne « plié » s'arrondir, la denture encore massive à racines robustes acquérir des dimensions de plus en plus réduites, la mandibule sans menton porter bientôt l'esquisse d'un trigone mentonnier, etc.

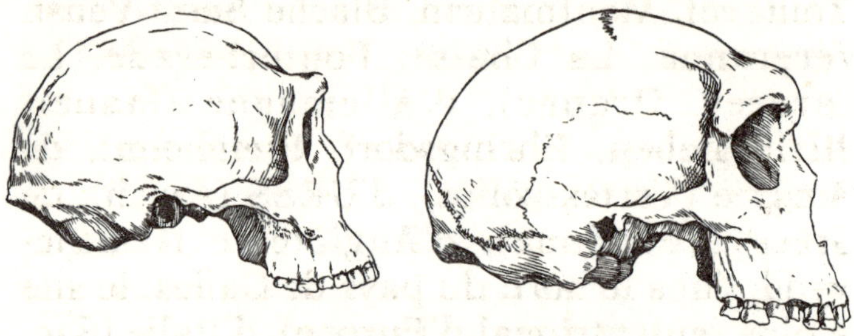

FIG. 32. — *Crânes d'*Homo erectus *d'Afrique orientale (3733 de l'Est Turkana (Kenya) à gauche, Broken Hill (Zambie) à droite).*

Le très beau crâne « 3733 » de l'Est du lac Turkana propose la morphologie ancienne d'*Homo erectus* de la province est-africaine. C'est un crâne d'environ 900 $cm^3$ au développement antéro-postérieur important, à la face étroite mais haute, à la constriction post-orbitaire réduite, au bourrelet sus-orbitaire projeté vers l'avant et au bourrelet nuchal épais.

Le reste crânien le plus ancien d'Asie orientale est probablement l'arrière-crâne découvert en 1979 à Sangiran, en Indonésie (Java) ; caractérisé par une massivité absolument incroyable, dépassant partout le centimètre d'épaisseur et atteignant jusqu'à 3 cm au niveau du torus occipital, cette pièce est à la fois extrêmement surbaissée et très large. Certains de ces caractères évoquent ainsi une très grande archaïcité, tandis que d'autres (capacité endocranienne confortable de 900 $cm^3$) font penser à une histoire déjà longue, comme si ce type indonésien était l'héritier d'une évolution asiatique indépendante. Ceci vient d'ailleurs conforter l'idée d'une très ancienne mobilité de l'Homme, sorti pour la première fois d'Afrique dès sa forme *habilis*.

Quant au plus vieux reste d'Europe, celui de Grenade, il consiste en un fragment de calotte crânienne d'un jeune individu, comportant un peu de l'occipital et de chacun des deux pariétaux.

Mais n'oublions pas que si ces fossiles représentent effectivement les plus anciens *Homo erectus* connus des trois continents de l'Ancien Monde — et c'est la raison pour laquelle nous les avons passés en revue —, ils ne sont pas vraiment contemporains.

A l'autre extrémité de l'histoire des *Homo erectus,* on trouve des formes par certains côtés si modernes que beaucoup d'auteurs en ont fait des *Homo sapiens*.

Citons, pour l'Afrique, l' « Homme de Rhodésie » (devenue Zambie) ou de « Broken Hill » (devenu Kabwé), vieux de 40 000 ans pour certains, de plus de 100 000 ans pour d'autres ; il est représenté par un crâne parfaitement conservé, d'épaisseur réduite, à la voûte longue et relativement basse, au bourrelet sus-orbitaire très développé et à la face haute et prognathe.

Peut-être un peu plus anciennes sont les 13 calottes crâniennes indonésiennes, connues sous le nom d'Hommes de Ngandong ou de la Solo. De capacité moyenne d'environ 1 154 $cm^3$, ces crânes allongés, mais plus hauts et plus larges que ceux de leurs prédécesseurs, ont un important bourrelet sus-orbitaire, un bourrelet occipital également développé et une massivité générale des os.

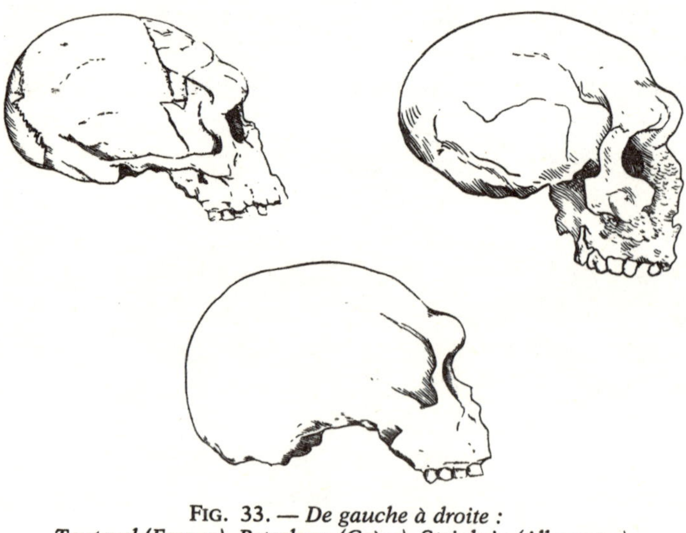

FIG. 33. — *De gauche à droite :*
*Tautavel (France), Petralona (Grèce), Steinkein (Allemagne).*

Agé d'environ 200 000 ans, le crâne de Steinheim, en Allemagne, peut illustrer en Europe cette phase de transition *erectus-sapiens,* au point qu'il a été considéré par certains auteurs comme « pré-sapiens ». Long et relativement haut, ce crâne à la face réduite présente un bourrelet sus-orbitaire fort, mais un occipital arrondi.

Entre ces deux « échantillons », le plus ancien et le plus récent, se rangent, d'un peu plus de 100 000 ans à un peu plus d'un million d'années, toute une série de fossiles qui évoquent le grade *Homo erectus.* Citons le crâne « 9 » d'Olduvai en Tanzanie, la très importante collection de calottes crâniennes de Trinil et de Sangiran à Java, celle, moins ancienne, de Chou Kou-tien en Chine, l'homme de Tautavel en France, celui de Petralona en Grèce, celui de Salé au Maroc. Ces fossiles partagent un crâne long mais bas, aux os épais et à base large (on dit « en tente »), une face projetée surmontée d'un bourrelet au-dessus des orbites, des dents de grande taille relativement aux dimensions des nôtres, une mandibule robuste sans menton. Quant au squelette postcrânien, s'il n'était robuste, il pourrait être qualifié de moderne. Il va sans dire que la large répartition de son porteur lui confère une variabilité en conséquence. On a attribué par exemple à l'*Homo erectus* de Trinil (le Pithécanthrope ou l'Homme de Java) une taille de 1,70 m, à celui de Chou Kou-tien (le Sinanthrope ou l'Homme de Pékin) une taille moyenne de 1,56 m.

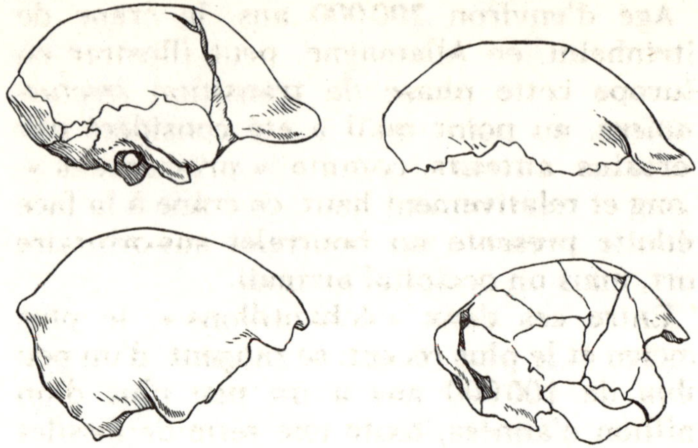

FIG. 34. — *Crânes d'*Homo erectus *de Trinil et Sangiran (Indonésie).*

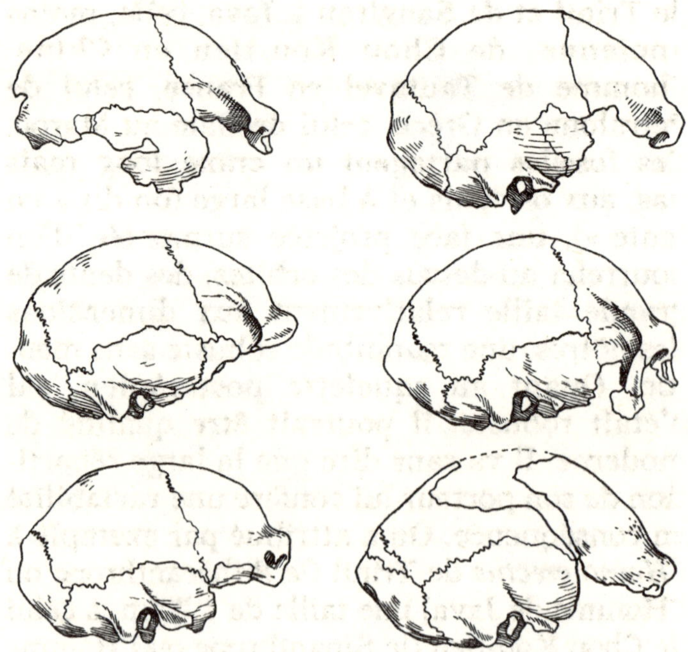

FIG. 35. — *Crânes d'*Homo erectus *de Chou Kou-tien (Chine).*

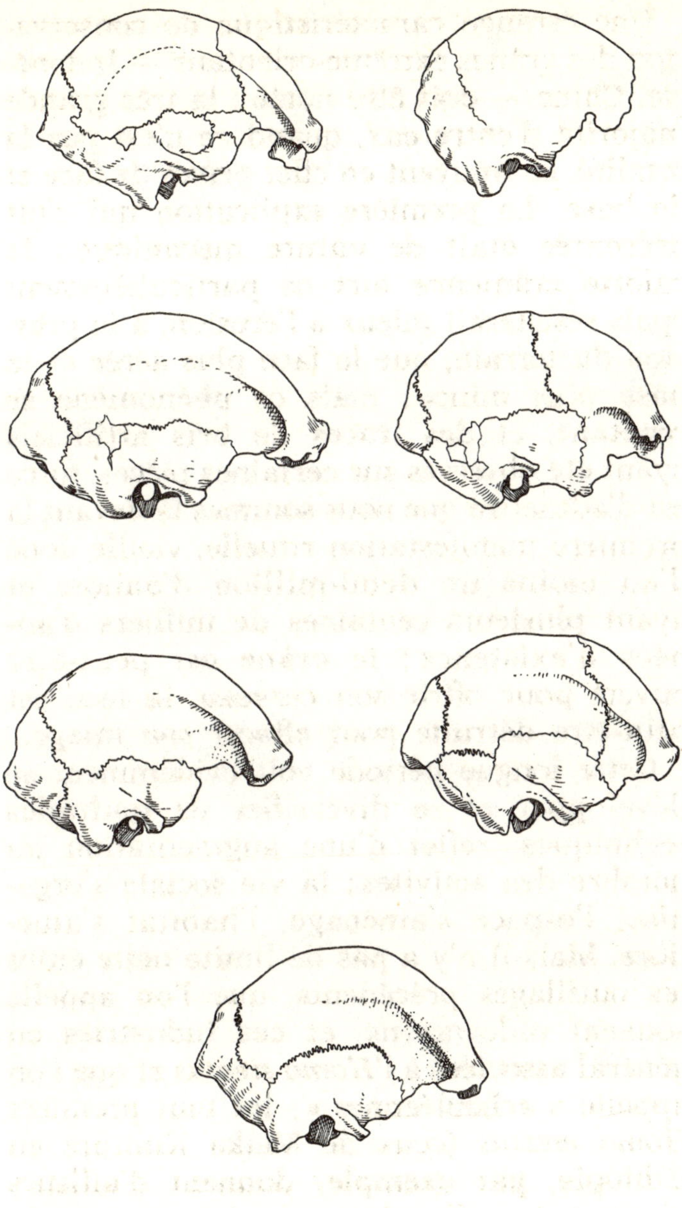

FIG. 36. — *Crânes d'*Homo $\frac{\text{erectus}}{\text{sapiens}}$ *de Ngandong (Indonésie).*

Une étrange caractéristique de conservation des crânes extrême-orientaux — Indonésie, Chine — doit être notée : la très grande majorité d'entre eux, quand ce n'est pas la totalité, se trouvent en effet privés de face et de base. La première explication qui s'est présentée était de nature mécanique : la calotte crânienne aux os particulièrement épais résisterait mieux à l'érosion, à la pression du terrain, que la face plus aérée et la base plus mince ; mais ce phénomène se répétant, et des traces de bris artificiels ayant été observés sur certaines pièces, force est d'admettre que nous sommes là devant la première manifestation rituelle, vieille donc d'au moins un demi-million d'années et ayant plusieurs centaines de milliers d'années d'existence ; le crâne est peut-être ouvert pour offrir son cerveau, la face est peut-être détruite pour effacer son image...

Cette longue période voit évidemment se développer et se diversifier de multiples techniques, reflet d'une augmentation du nombre des activités ; la vie sociale s'organise, l'espace s'aménage, l'habitat s'améliore. Mais il n'y a pas de limite nette entre les outillages précédents, que l'on appelle souvent oldowayens, et ces industries en général associées à l'*Homo erectus* et que l'on appelle « acheuléennes » ; les tout premiers *Homo erectus* (ceux de Melka Kunturé en Ethiopie, par exemple) donnent d'ailleurs l'impression d'avoir poursuivi un certain temps la tradition technique d'*Homo habilis*.

Et puis, peu à peu, dans une grande partie de l'Eurasie et dans toute l'Afrique, un outil particulier, le biface, fait son apparition dans la trousse d'*Homo erectus* où il va prendre une place grandissante, qu'il va maintenir plus d'un million d'années avant de décroître à nouveau au profit de pièces sur éclats taillées selon des techniques nouvelles. Bien que cet outil se transforme au long des millénaires, qu'il devienne plus mince, plus pointu, plus « beau », bien que la panoplie des grattoirs, râcloirs, perçoirs, burins, couteaux, rabots ne cesse de s'accroître autour de lui, il ne faut pas oublier que ce progrès est celui de 10 000 siècles ! C'est dire qu'il n'est tout de même pas particulièrement rapide.

Mais ceci n'est pas un jugement de valeur : *Homo erectus* a fait quantité de découvertes techniques et mentales et l'on serait certainement étonné devant le « modernisme » de son installation et, dans une certaine mesure, de sa pensée, si l'on était à même de lui rendre visite ; il prend conscience de la symétrie et la réalise, choisit le matériau à travailler pour ses qualités techniques mais aussi quelquefois pour ses qualités esthétiques — éclat, patine, couleur —, construit des huttes, des tentes, des abris, des murs, domestique le feu et l'entretient (depuis peut-être 1 400 000 ans — site de Chesowanja au Kenya), divise son habitation en aires spécialisées de repos, de repas, de débitage, de dépeçage, invente matelas et couvertures (au Lazaret à Nice, dans un habitat de 130 000 ans où fouille Henry de Lumley, le matelas était d'algues et les couvertures en peaux de loups).

Le passage d'*Homo erectus* à *Homo sapiens* est, comme nous l'avons déjà entrevu, aussi flou que celui d'*Homo habilis* à *Homo erectus*, et pour les mêmes raisons. Il est graduel. Suivant la hiérarchie des critères choisis pour définir l'un et l'autre — capacité endocrânienne, frontal élevé, occipital arrondi —, l'*Homo sapiens* commencera son existence ou bien il y a plusieurs centaines de milliers d'années, ou bien il y a moins de 100 000 ans. De nombreuses découvertes récentes en Afrique, en Asie, en Europe permettent de toute façon, aujourd'hui, d'assister à cette transformation ; elle s'accomplit à des vitesses différentes selon les régions, mais aussi suivant les ossements, les organes, les caractères. On pourrait par exemple décrire un crâne découvert dans la vallée de l'Omo, en Ethiopie, et daté de 130 000 ans, d'*Homo erectus* de face et d'*Homo sapiens* de « dos » !

Mais, dans une partie de l'Eurasie, de la France à l'Ouzbékistan, ce passage s'est compliqué par l'intercalation d'une forme originale encore assez énigmatique, l'homme de Néandertal. Premier homme fossile découvert (par le Dr Schmerling en 1833, à Engis en Belgique), il a longtemps troublé les esprits au point qu'on l'a d'abord complètement tenu à l'écart de l'ascendance humaine, puis qu'on en a fait une étape spécifique particulière, *Homo neandertalensis*, dont personne ne voulait descendre, avant de le considérer comme une simple sous-espèce d'Homme moderne. Il est vrai que sa face boursouflée, sans pommettes, ses dents qui avancent, son menton effacé, son puissant bourrelet sus-orbitaire, son front fuyant, son crâne étiré vers l'arrière, sa cage thoracique « en tonneau », la robustesse de son squelette, préparaient bien mal le monde scienti-

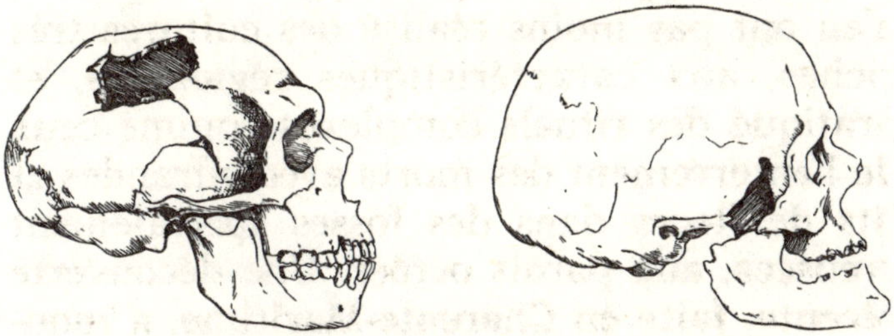

FIG. 37. — *Crânes d'*Homo sapiens *d'Europe (Néandertalien de la Chapelle aux Faints (France) à gauche ; Homme de Cro-Magnon (France) à droite).*

fique — et à plus forte raison le monde tout court — à l'idée d'une évolution humaine. Il semble bien, en fait, que tous les Hommes fossiles de cette partie de l'Ancien monde nous fassent assister peu à peu au passage *Homo erectus-Homo sapiens neandertalensis*, forme pleinement réalisée vers 75 000 à 80 000 ans. Cette morphologie si particulière, dont la stabilité sur cinquante millénaires est le témoignage d'une certaine réussite, n'a pas trouvé d'explication totalement satisfaisante.

Une sous-espèce nouvelle, *Homo sapiens sapiens* — la nôtre —, fait alors son apparition sur le territoire occupé par l'Homme de Néandertal. On a longtemps eu l'impression que cette forme, peintre, sculpteur, graveur, artisan d'outillages d'os et de pierre de grande qualité (que l'on classe dans le Paléolithique supérieur), supplanta, peut-être avec violence, le Néandertalien et imposa sans peine sa « civilisation » à la barbarie de ce dernier. En fait, les Néandertals, s'ils n'ont pas développé l'art plastique ou rupestre, n'en ont pas moins réalisé des cultures très riches, aux caractéristiques régionales, et pratiqué des rituels complexes comme ceux de l'enterrement des morts avec offrandes et lits de fleurs dans des fosses spécialement creusées, aux parois ocrées. Une découverte récente, faite en Charente-Maritime, a montré d'autre part que les Hommes de Néandertal eux-mêmes furent les premiers artisans des premières industries du Paléolithique supérieur (Chatelperronien). Le remplacement de l'Homme de Néandertal par l'Homme moderne, de toute façon incontestable, semble donc s'être fait de manière beaucoup plus douce qu'il n'était apparu : une manière qui ressemble plus à une « digestion » génétique qu'à un génocide. Et ces hommes modernes paraissent bien être nés d'*Homo erectus,* quelque part au Proche-Orient où ils se trouvent associés aux outillages de la fin de l'Acheuléen (attribué d'ordinaire à *Homo erectus*) et du début du Moustérien (attribué d'ordinaire à *Homo sapiens neandertalensis*) ; Bernard Vandermeersch (qui les a traqués avec succès) propose par suite une hypothèse de migrations à double sens : les Hommes modernes, du Levant vers l'Europe de l'Ouest ; les Hommes de Néandertal, de l'Europe vers le Proche-Orient, le Moyen-Orient et l'Asie centrale.

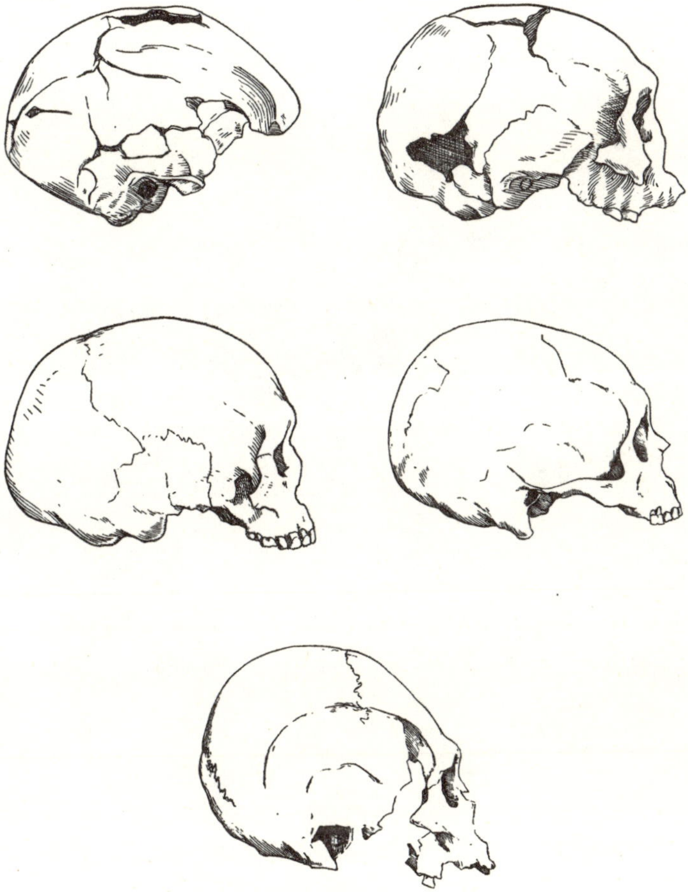

FIG. 38. — *Crânes d'*Homo sapiens *d'Afrique, d'Asie, d'Amérique et d'Australie*
*(De gauche à droite, Omo-Ethiopie : Wadjak (Indonésie), Lin-Kiang (Chine), Del Mar (Etats-Unis), Kow Swamp (Australie)).*

Le peuplement contemporain de la Terre commence ainsi à s'éclairer. En Afrique de l'Est et du Sud — comme d'ailleurs, mais séparément, en Afrique du Nord —, le passage de la forme *erectus* à la forme *sapiens*

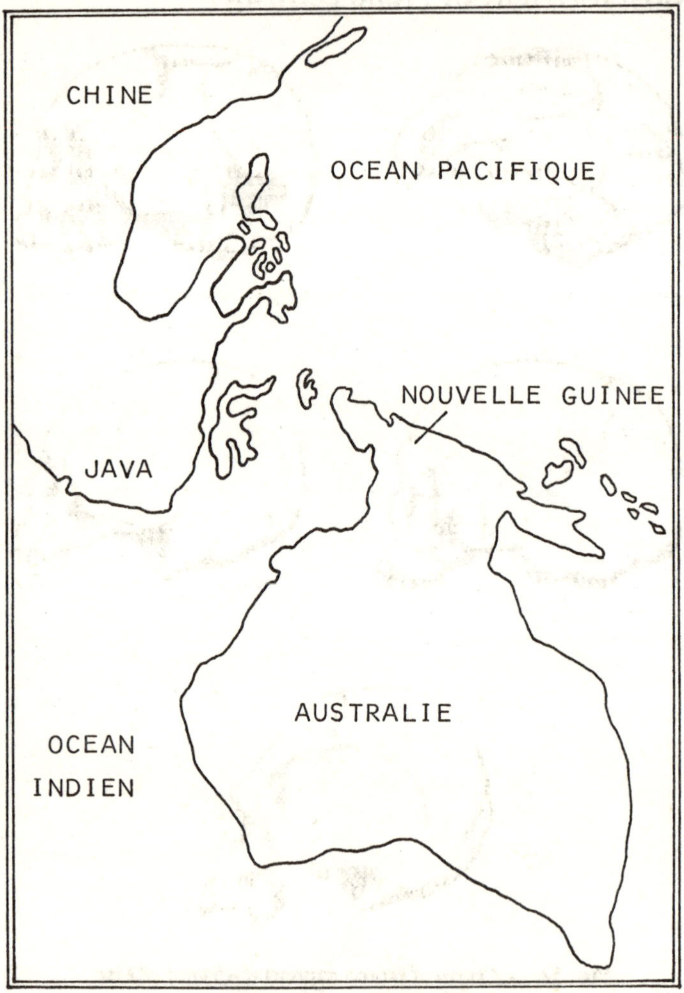


CARTE 9. — *Le Sud-Est asiatique, la Nouvelle Guinée et l'Australie, il y a cinquante mille ans.*

semble bien s'être réalisé sans solution de continuité. En Asie du Sud-Est, les formes indonésiennes nous ont fait la brillante démonstration d'une évolution sur place ayant essaimé, il y a une cinquantaine de milliers d'années, en Australie et en Nouvelle-Guinée alors réunies, ce qui implique d'ailleurs la traversée inévitable d'un bras de mer d'environ 70 kilomètres de largeur. En Extrême-Orient, la transformation n'est pas moins graduelle et ces populations sont en outre à l'origine de la conquête de l'Améri-

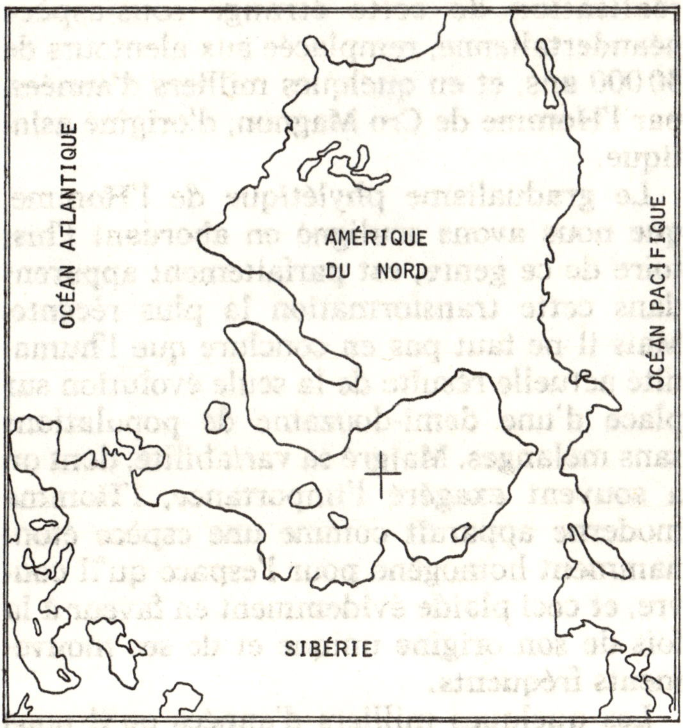


CARTE 10. — *L'Eurasie Behringie et l'Amérique, il y a cent mille ans.*

que, quelque 100 000 années avant Christophe Colomb ! Il est en effet de plus en plus évident que le peuplement du Nouveau Monde s'est fait par le détroit de Behring, émergé chaque fois que la quantité d'eau retenue par les glaciers faisait baisser suffisamment le niveau de l'Océan Pacifique. Tout le monde s'accorde pour envisager ce peuplement en trois, peut-être quatre vagues successives, mais les avis diffèrent beaucoup quant aux datations de ces vagues. En Europe enfin, l'évolution de l'*Homo erectus* s'est orientée, comme nous l'avons vu, vers la réalisation de cette étrange sous-espèce néandertalienne, remplacée aux alentours de 30 000 ans, et en quelques milliers d'années, par l'Homme de Cro Magnon, d'origine asiatique.

Le gradualisme phylétique de l'Homme, que nous avons souligné en abordant l'histoire de ce genre, est parfaitement apparent dans cette transformation la plus récente. Mais il ne faut pas en conclure que l'humanité actuelle résulte de la seule évolution sur place d'une demi-douzaine de populations sans mélanges. Malgré sa variabilité, dont on a souvent exagéré l'importance, l'Homme moderne apparaît comme une espèce étonnamment homogène pour l'espace qu'il couvre, et ceci plaide évidemment en faveur à la fois de son origine unique et de ses mouvements fréquents.

Les quelques milliers d'années qu'il nous reste à parcourir ne représentent pas une durée suffisante pour que se manifeste une évolution biologique significative, mais rien ne permet de dire qu'elle soit arrêtée. L'évolution culturelle, quant à elle, connaît pendant ce temps une accélération spectaculaire, multipliant les révolutions, depuis la découverte de l'économie de production au Moyen-Orient et en Afrique du Nord-Est, il y a une douzaine de milliers d'années, l'usage consécutif de l'écriture, nécessité par les problèmes de stockage et d'échanges, la découverte des métaux — l'or, le cuivre, l'étain, le fer —, puis celle de l'imprimerie, jusqu'à la révolution industrielle, la découverte de l'énergie nucléaire, la maîtrise de l'informatique et l'étonnant développement des communications de toutes natures. Il en est résulté un accroissement démographique des hommes dont on n'a pas encore pris réellement conscience : de 10 000 000 d'individus, là où nous les avions laissés, à une centaine de millions aux abords de notre ère, au milliard au début du siècle dernier, à deux milliards 115 ans plus tard, à trois milliards 35 ans après, à quatre milliards 15 ans plus tard et à cinq milliards aujourd'hui. Il en est résulté aussi un extraordinaire resserrement du tissu des liaisons entre ces milliards d'hommes, qui est en train de conduire à la réalisation d'une société mondiale dont on ne mesure pas encore non plus tous les effets. « Ne peut-on penser, écrit le Professeur Jean Piveteau, que nous ne soyons conduits vers un second point de cérébralisation et de réflexion, non plus individuel cette fois, mais anthroposphérique. » Mais ceci n'est plus — ou pas encore — de la Paléontologie.

Soixante-dix millions d'années au pas de course... C'est ce que nous avons pensé être une manière de faire sentir ce qu'est une filiation, avec ses essais, ses mouvements, ses dérives, ses grands lignages.

Nous sommes malheureusement conscients du frein que représente la terminologie dans une telle lecture pourtant faite pour être absorbée d'un trait. Il nous reste à souhaiter que l'image des acteurs, de leurs généalogies et de leurs migrations, facilite à la fois consommation et digestion. Il nous reste à souhaiter aussi que l'histoire de la Terre, de ses milieux, de ses climats éclaire un peu certaines directions prises, de préférence à d'autres, par le mouvement évolutif. Mais que cette lueur n'éblouisse pas le lecteur au point de lui faire croire que ceci explique tout cela : les vicissitudes de la planète sélectionnent des formes auxquelles il est plus facile, dans un discours, d'attribuer toutes les initiatives. La raison d'une transformation est un autre problème, que l'on aborde à une autre échelle et avec d'autres méthodes.

Nous avons essayé de faire apparaître aussi la fragilité des équilibres géologiques et biologiques ; même si leurs durées varient, il vaut mieux, si l'on veut se faire quelque idée de l'avenir, considérer qu'en général rien n'est longtemps stable. Les continents naviguent, les climats se déplacent, les êtres vivants naissent et meurent, changent ou migrent, nouent ou dénouent leurs alliances dans des écosystèmes qui, eux aussi, se transforment. La Méditerranée diminue, l'Inde disparaît sous l'Himalaya, les volcans du Massif Central préparent leur réveil, la cinquième glaciation est annoncée et l'Homme, même nanti de toute la liberté de sa nature consciente, n'a guère de raisons de demeurer ce qu'il est.

Enfin, par la reconstruction systématique, souvent empruntée, parfois audacieuse, des héros de notre passé, et par l'apparition discrète, par touches colorées, de quelques paysages de leur cadre de vie, nous avons eu la prétention d'inciter au rêve. Souvenez-vous des petits *Adapis* se poursuivant dans les séquoias de Montmartre, au bord de la lagune torride qui recouvrait Paris, souvenez-vous des *Homo habilis* s'efforçant de tailler galets et blocs de lave, à l'ombre des grands figuiers des rivages d'un ouadi, non loin du lac Turkana, imaginez encore nos compatriotes Néandertals admirant de leur habitat perché une horde de mammouths venue boire à l'eau glacée que charriait la Dordogne...

Notre histoire est donc très longue, son décor très varié. Il ne peut être question de clore ce livre avec l'idée d'avoir, une fois pour toutes, le dessin de notre arbre généalogique fixé dans le platine iridié ; nombre d'épisodes manquent de fossiles, beaucoup de fossiles sont incomplets. Mais il reste, heureusement, des pièces bien déterminées, des données bien démontrées. Même si l'itinéraire proposé ici n'est pas tout à fait l'itinéraire suivi, il ne fait guère de doute qu'il est passé par les niveaux morphologiques qu'illustrent successivement les *Plesiadapis* ou les *Purgatorius*, les *Adapis* ou les *Notharctus*, les *Necrolemur* ou les *Rooneyia* ; il ne fait guère de doute par conséquent que l'origine de l'Ordre auquel nous appartenons a été crétacée et euraméricaine. C'est d'Asie ou d'Afrique que se fait la relance avec un niveau morphologique nouveau, celui que l'on nomme parfois Simien, c'est-à-dire « Singe » ; la route est alors toujours difficile, mais elle se faufile peut-être mieux que durant les trente ou quarante millions d'années qui précèdent : Aegyptopithèque, Proconsul, Kenyapithèque, Australopithèque, *Homo* en sont les bornes, sans probablement en marquer toujours les étapes. Il est, de toute façon, de plus en plus clair que l'essentiel de ce chemin est africain et qu'après un long parcours en forêt, il a tracé son « rail » à travers des clairières, une savane arbustive, de hautes herbes à Eléphant et une vaste prairie entre une riante vallée aux rives boisées et la mer. Et puis, debout, attentif, réfléchissant parfois à l'étrangeté de la mort, le dernier-né de la famille s'est lancé à la conquête du monde. L'Homme descend donc d'un Singe d'Afrique en Afrique.

Ainsi, cet Homme que nous sommes mesure peut-être mieux aujourd'hui les dimensions de son histoire. Le temps est immense ; Primates, Hominoïdes, Hominidés sont très anciens, et les traits que porte dans son corps chacun d'entre nous ont tous été gagnés au long des batailles de la vie. Mais, aussi logique que puisse paraître son enchaînement, de la matière à la grosse molécule, de la cellule à l'être charpenté, du poisson au primate, du petit singe espiègle au grand hominidé debout qui peu à peu crée son équipement artificiel, cette histoire est la plus extraordinaire que je connaisse. Extraordinaire aussi ce changement de plan du processus évolutif qui semble s'exercer désormais plus volontiers sur la société, devenue mondiale, plutôt que sur chacun des cinq milliards d'individus différents, libres, conscients et responsables qui la composent. Et tout aussi curieuse cette désinvolture des hommes pour leur environnement terrestre, tandis que s'organise déjà la conquête de l'espace...

Mais peut-être suis-je un éternel étonné ?

*Achevé d'imprimer en novembre 1983*
*sur presse CAMERON*
*dans les ateliers de la S.E.P.C.*
*à Saint-Amand-Montrond (Cher)*

35-10-7049-01

ISBN : 2-213-01272-8

N° d'édit. : 6712. N° d'imp. : 2509-1764.
Dépôt légal : novembre 1983.

*Imprimé en France*

35-7049-6